科学探索与发现·自然密码

自然密码

崔 琦 编著

黄河水利出版社
·郑 州·

图书在版编目(CIP)数据

自然密码/崔琦编著. —郑州:黄河水利出版社,2013.5
(科学探索与发现·自然密码)
ISBN 978 - 7 - 5509 - 0482 - 8

Ⅰ.①自…　Ⅱ.①崔…　Ⅲ.①自然科学 - 青年读物
②自然科学 - 少年读物　Ⅳ.①N49

中国版本图书馆 CIP 数据核字(2013)第 092815 号

出版发行:黄河水利出版社
社　　址:河南省郑州市顺河路黄委会综合楼14层(邮政编码:450003)
电　　话:0371 - 66026940
网　　址:http://www.yrcp.com

印　　刷:北京一鑫印务有限责任公司
开　　本:787 mm×1 092 mm　1/16
印　　张:10
字　　数:176 千字
版　　次:2013 年 5 月第 1 版
定　　价:23.00 元

前　言

　　人类的发展是征服自然、改造自然的过程，更是了解宇宙、认识宇宙的过程。人类追求永恒真理之梦从没有放弃过。

　　人类赖以生存和繁衍的家园——地球，是一颗美丽的蔚蓝色星球，自诞生以来，已经走过了若干亿年时间路程。悠悠岁月，沧海桑田。从地球诞生之日起，大自然就以它伟大的创造力，创造出如今的地形地貌。

　　在地球上，从寒带到热带，从江河湖塘到陆地，从海洋深处到高山之巅，到处都有动物的踪迹。无论我们走到哪里，随时都能看到多种多样的动物。动物世界丰富多彩，美不胜收。动物种类繁多，形态结构极其复杂。

　　地球上的动物，人类已经发现的就有200多万种，实际上远不止此数。人们的生活离不开动物。人们的生产活动离不开动物。

我们今天的确面临着环境破坏、气候异常、能源短缺、火山及地震频发等一系列严重危及人类生存和发展的问题。如何解决这些问题，已经成为全人类共同的目标。我们要保护自然环境，使自然环境有利于人类生存发展。

绿色植物通过光合作用，把光能转变成化学能贮藏在光合作用的有机产物中。这些产物在植物体内进一步同化为脂类、蛋白质等有机产物，为人类、动物及各种异养生物提供了生命活动所不可缺少的能源。

气象学是一门非常有趣的科学。你能够目睹天空中的一些奇异的景象。云彩多姿、霞光万道、雨后彩虹、雪花飞扬……这些景象让你赏心悦目；暴雨、冰雹、沙暴、闪电……这些景象让你惊心动魄。不管是赏心悦目的，还是惊心动魄的，你在观赏这些天空景象时，脑海中一定在想"为什么"，想去探索个中的奥妙。

本书用深入浅出的语言，向青少年读者介绍了宇宙地球知识、地理知识、动植物知识、微生物知识、气象知识等，使读者在轻松阅读的同时，能够在宏观上对自然知识有一定的了解。本书适合中学生和小学高年级的学生阅读，是一本很好的百科知识课外读物。

限于学识和时间，书中难免会存在一些不足，敬请专家和读者朋友批评指正。

编　者

目 录

地理篇

动物篇

植物篇

宇宙地球篇
YU ZHOU DI QIU PIAN

太阳系的中心天体——太阳

太阳只是一颗非常普通的恒星，在广袤浩瀚的繁星世界里，太阳的亮度、大小和物质密度都处于中等水平。只是因为它离地球较近，所以看上去是天空中最大最亮的天体。其他恒星离我们都非常遥远，即使是最近的恒星，也比太阳远27万倍，看上去只是一个闪烁的光点。

组成太阳的物质大多是些普通的气体，其中氢约占71%、氦约占27%、其他元素占2%。太阳从中心向外可分为核反应区、辐射区和对流区、太阳大气。太阳的大气层，像地球的大气层一样，可按不同的高度和不同的性质分成各个圈层，即从内向外分为光球、色球和日冕3层。我们平常看到的太阳表面，是太阳大气的最底层，温度约是6000℃。它是不透明的，因此我们不能直接看见太阳内部的结构。但是，天文学家根据物理理论和对太阳表面各种现象的研究，建立了太阳内部结构和物理状态的模型。这一模型也已经被对于其他恒星的研究所证实，至少在大的方面是可信的。

太阳的核心区域半径是太阳半径的1/4，约为整个太阳质量的一半以上。太阳核心的温度极高，达1500万℃，压力也极大，使得由氢聚变为氦的热核反应得以发生，从而释放出极大的能量。这些能量再通过辐射区和对流区中物质的传递，才得以传送到达太阳光球的底部，并通过光球向外辐射出去。太阳中心区的物质密度非常高，每立方厘米可达160克。在自身强大重力吸引下，太阳中心区处于高密度、高温和高压状态。是太阳巨大能量的发祥地。太阳中心区产生的能量的传递主要靠辐射形式。太阳中心区之外就是辐射层，辐射层的范围是从热核中心区顶部的0.25个太阳半径向外到0.86个太阳半径，这里的温度、密度和压力都是从内向外递减。从体积来说，辐射层占整个太阳体积的绝大部分。太阳内部能量向外传播除辐射，还有对流过程。即从太阳0.86个太阳半径向外到达太阳大气层的底部，这一区间叫对流层。这一层气体性质变化很大，很不稳定，形成明显的上下对流运动。这是太阳内部结构的最外层。

光球、色球和日冕

太阳分为光球、色球和日冕3层。太阳光球就是我们平常所看到的太阳圆面，通常所说的太阳半径也是指光球的半径。光球层位于对流层之外，属太阳大气层中的最低层或最里层。光球的表面是气态的，其平均密度只有水的几亿分之一，但由于它的厚度达500千米，所以光球是不透明的。光球层的大气中存在着激烈的活动，用望远镜可以看到光球表面有许多密密麻麻的斑点状结构，很像一颗颗米粒，称之为米粒组织。它们极不稳定，一般持续时间仅为5～10分钟，其温度要比光球的平均温度高出300℃～400℃。目前认为这种米粒组织是光球下面气体的剧烈对流造成的现象。

光球表面另一种著名的活动现象便是太阳黑子。黑子是光球层上的巨大气流旋涡，大多呈现近椭圆形，在明亮的光球背景反衬下显得比较暗黑，但实际上它们的温度高达4000℃左右，倘若能把黑子单独取出，一个大黑子便可以发出相当于满月的光芒。日面上黑子出现的情况不断变化，这种变化反映了太阳辐射能量的变化。太阳黑子的变化存在复杂的周期现象，平均活动周期为11.2年。

紧贴光球以上的一层大气称为色球层，平时不易被观测到，过去这一区域只是在日全食时才能被看到。当月亮遮掩了光球明亮光辉的一瞬间，人们能发现日轮边缘上有一层玫瑰红的绚丽光彩，那就是色球。色球层厚约8000千米，它的化学组成与光球基本上相同，但色球层内的物质密度和压力要比光球低得多。日常生活中，离热源越远处温度越低，而太阳大气的情况却截然相反，光球顶部接近色球处的温度差不多是4300℃，到了色球顶部温度竟高达几万摄氏度，再往上，到了日冕区温度陡然升至上百万摄氏度。人们对这种反常增温现象感到疑惑不解，至今也没有找到确切的原因。

在色球上人们还能够看到许多腾起的火焰，这就是天文上所谓的"日珥"。日珥是迅速变化着的活动现象，一次完整的日珥过程一般为几十分钟。同时，日珥的形状也可说是千姿百态，有的如浮云烟雾，有的似飞瀑喷泉，有的好似一弯拱桥，也有的酷似团团草丛，真是不胜枚举。天文学家根据形态变化规模的大小和变化速度的快慢将日珥分成宁静日珥、活动日珥和爆发日珥三大类。最为壮观的要属爆发日珥，本来宁静或活动的日珥，有时会突然"怒火冲天"，把气体物质拼命往上抛射，然后回转着返回太阳表面，形成一个环状，所以又称环状日珥。

日冕是太阳大气的最外层。日冕中的物质也是等离子体，它的密度比色球层更低，而它的温度反比色球层高，可达上百万摄氏度。日全食时在日面周围看到放射状的非常明亮的银白色光芒即是日冕。日冕的范围在色球之上，一直延伸到好几个太阳半径的地方。日冕还会有向外膨胀运动，并使得热电离气体粒子连续地从太阳向外流出而形成太阳风。

太阳时刻在活动

太阳看起来很平静，实际上无时无刻不在发生剧烈的活动。太阳由里向外分别为太阳核反应区、太阳辐射层、太阳对流层、太阳大气层。其中心区不停地进行热核反应，所产生的能量以辐射方式向宇宙空间发射。其中二十二亿分之一的能量辐射到地球，成为地球上光和热的主要来源。太阳表面和大气层中的活动现象，诸如太阳黑子、耀斑和日冕物质喷发（日珥）等，会使太阳风大大增强，造成许多地球物理现象——例如极光增多、大气电离层和地磁的变化。太阳活动和太阳风的增强还会严重干扰地球上无线电通信及航天设备的正常工作，使卫星上的精密电子仪器遭受损害，地面通信网络、电力控制网络发生混乱，甚至可能对航天飞机和空间站中宇航员的生命构成威胁。因此，监测太阳活动和太阳风的强度，适时作出"空间气象"预报，显得越来越重要。

太阳黑子和耀斑

4000年前，祖先肉眼都看到了像3条腿的乌鸦的黑子。通过一般的光学望远镜观测太阳，观测到的是光球层的活动。在光球上常常可以看到很多黑色斑点，它们叫作"太阳黑子"。太阳黑子在日面上的大小、多少、位置和形态等，每天都不同。太阳黑子是光球层物质剧烈运动而形成的局部强磁场区域，也是光球层活动的重要标志。长期观测太阳黑子就会发现，有的年份黑子多，有的年份黑子少，有时甚至几天、几十天日面上都没有黑子。天文学家们早就注意到，太阳黑子从最多或最少的年份到下一次最多或最少的年份，大约相隔11年。也就是说，太阳黑子有平均11年的活动周期，这也是整个太阳的活动周期。天文学家把太阳黑子最多的年份称之为"太阳活动高峰年"，把太阳黑子最少的年份称之为"太阳活动低峰年"。

太阳耀斑是一种最剧烈的太阳活动。一般认为发生在色球层中，所以也叫"色球爆发"。其主要观测特征是，日面上（常在黑子群上空）

突然出现迅速发展的亮斑闪耀，其寿命仅在几分钟到几十分钟之间，亮度上升迅速，下降较慢。特别是在太阳活动高峰年，耀斑出现频繁且强度变强。

爆发时的太阳耀斑别看只是一个亮点，一旦出现，简直是一次惊天动地的大爆发。这一释放的能量相当于10万至100万次强火山爆发的总能量，或相当于上百亿枚百吨级氢弹的爆炸；而一次较大的耀斑爆发，在一二十分钟内可释放10^{25}焦耳的巨大能量。

除日面局部突然增亮的现象外，耀斑更主要表现在从射电波段直到X射线的辐射通量的突然增强。耀斑所发射的辐射种类繁多，除可见光外，有紫外线、X射线和伽马射线，有红外线和射电辐射，还有冲击波和高能粒子流，甚至有能量特高的宇宙射线。

耀斑对地球空间环境造成很大影响。太阳色球层中一声爆炸，地球大气层即刻出现缭绕余音。耀斑爆发时，发出大量的高能粒子到达地球轨道附近时，将会严重危及宇宙飞行器内的宇航员和仪器的安全。当耀斑辐射来到地球附近时，与大气分子发生剧烈碰撞，破坏电离层，使它失去反射无线电电波的功能。无线电通信尤其是短波通信，以及电视台、电台广播，会受到干扰甚至中断。耀斑发射的高能带电粒子流与地球高层大气作用，产生极光，并干扰地球磁场而引起磁暴。

此外，耀斑对气象和水文等方面也有着不同程度的直接或间接影响。正因为如此，人们对耀斑爆发的探测和预报的关切程度与日俱增，正在努力揭开耀斑的奥秘。

来自太阳的劲风——太阳风

太阳风是一种连续存在、来自太阳并以每秒200～800千米的速度运动的等离子体流。这种物质虽然与地球上的空气不同，不是由气体的分子组成，而是由更简单的比原子还小一个层次的基本粒子——质子和电子等组成，但它们流动时所产生的效应与空气流动十分相似，所以称它为太阳风。当然，太阳风的密度与地球上的风的密度相比，是非常稀薄而微不足道的，一般情况下，在地球附近的行星际空间中，每立方厘米有几个到几十个粒子。而地球上风的密度则为每立方厘米有2687亿亿个分子。太阳风虽然十分稀薄，但它刮起来的猛烈劲，却远远胜过地球上的风。在地球上，12级台风的风速是每秒32.5米以上，而太阳风的风速，在地球附近却经常保持在每秒350～450千米，是地球风速的上万倍，最猛烈时可达每秒800千米以上。太阳风是从太阳大气最外层的日冕，向空间持续抛射出来的物质粒子流。这种粒子流是从冕洞中喷射出来的，其主要成分是氢粒子和氦粒子。太阳风有两种：一种是持续不断地辐射出来，速度较小，粒子含量也较少，被称为"持续太阳风"；另一种是在太阳活动时辐射出来，速度较大，粒子含量也较多，这种太阳风被称为"扰动太阳风"。扰动太阳风对地球的影响很大，当它抵达地球时，往往引起很大的磁暴与强烈的极光，同时也产生电离层骚扰。太阳风的存在，给我们研究太阳以及太阳与地球的关系提供了方便。

流星和陨星

在晴朗的夜空里，有时会看见一道明亮的闪光划破天幕，飞流而逝，这就是人们常见的流星现象。在太阳系的广袤空间中，布满了无数的尘埃般的小天体——流星体，当它们以高速闯入地球大气后，与大气产生摩擦，形成灼热发光现象，称作"流星"。由于流星体一般很小，大多数流星在大气高层中都烧毁气化了；也有少数大流星，在大气中没燃烧尽，落到地面的残骸就称为"陨星"，也叫"陨石"。

通常情况下，流星好像夜空中的"散兵游勇"，完全随机地出现于各个方位。除这种"偶发"流星外，还有一类常常成群出现的流星群，它们有十分明显的规律性，出现在大致固定的日期、同样的天区范围，所以又叫周期流星。流星群是一群轨道大致相同的流星体，当冲入地球大气时，成为十分美丽壮观的流星雨。当它出现时，成千上万的流星宛如节日礼花一般从天空中某一点附近迸发出来，这一点就叫作辐射点，通常把辐射点所在的星座名作为该流星群的名字。例如1833年11月的狮子座流星雨，那是历史上最为壮观的一次大流星雨，每小时下落的流星数达35000之多。中国在公元前687年曾记录到天琴座流星雨，"夜中星陨如雨"，这是世界上最早的关于流星雨的记载。

质量较大的流星掉落地面成为陨星，陨星的大小不一，成分各异。有铁陨石、石陨石，还有玻璃质陨星及陨冰。陨石的来源可能是小行星、卫星或彗星分裂后的碎块，因此陨石中携带的这些天体的原始材料，包含着太阳系天体形成演化的丰富信息。目前，全世界已搜集到了3000多次陨落事件的标本，其中著名的有中国吉林陨石、纳米比亚戈巴大陨铁、美国诺顿陨石等。

地球上有许多陨星坑，它们是陨星撞击地球的产物。然而由于地球地区的风化作用，绝大多数早已被破坏得无法辨认了，现在尚能确证的还有150多个。其中最著名的要数坐落在美国亚利桑那州北部荒漠中的一个大陨石坑。它的直径有1245米，深达172米，在坑里人们已搜集到好几吨陨铁碎片。据推算，这是约两万年前一块重10多万吨的铁质陨星坠落所造成的坑洞。

另外，1908年在西伯利亚发生的一次惊心动魄的大爆炸，也有人归之为天外一颗巨型陨星的"杰作"。那次爆炸声震千里，摧毁了方圆60千米的森林，冲天而起的蘑菇云升腾至20千米的高度，其威力之大，令人瞠目。然而，事后在爆炸现场并未找到陨石碎片，也没有发现大陨石坑。据此，有人认为很可能这是一颗彗星闯入了地球大气，由于彗核主要由冰块组成，因此这就意味着是一次罕见的特大陨冰事件：一块特大彗核碎片以高速冲入大气，它对空气的巨大冲击作用导致了惊天动地的大爆炸。

星团里是怎样的

长期以来，天文学家对银河系中的恒星进行了研究，发现了两种星团——疏散星团和球状星团。

疏散星团：天文学家将数百颗恒星聚成一团，一起在太空中运行的星团称为疏散星团。现已发现银河系存在有1000多个疏散星团，每个疏散星团由十几颗到几千颗年轻的恒星组成。在北半球，最容易看到的疏散星团在金牛座中。如果夜空澄澈，你就能辨识出被人们称作普勒阿得斯七姊妹中6颗最亮的星，它的大名叫做昴宿星团，是金牛座疏散星团中的一种。金牛座中还有一个疏散星团，叫作毕宿星团，分布在"牛"的眼睛周围。它离我们有140光年，是疏散星团中离我们最近的星团。

球状星团：球状星团是由数十万颗恒星聚集成球形的星团。球状星团不像疏散星团和普通恒星分布在星系盘中，它们也不参加星系漩涡状的大运转，它们独自环绕着星系中央的凸起部分旋转，但是它们离中央极其遥远。球状星团是由成千上万，甚至几十万颗老年恒星组成的，在银河系中已发现约130个球状星团，最大最亮的球状星团是位于半人马座内的 ω 星团，它距我们约16000光年。

星云及分类

星云包含了除行星和彗星外的几乎所有延展型天体。它们的主要成份是氢，其次是氮，还含有一定比例的金属元素和非金属元素。近年来的研究还发现含有有机分子等物质。

最初所有在宇宙中的云雾状天体都被称作星云。后来随着天文望远镜的发展，人们的观测水准不断提高，才把原来的星云划分为星团、星系和星云3种类型。

星云有以下几种：

1.发射星云

发射星云是受到附近炽热光亮的恒星激发而发光的，这些恒星所发出的紫外线会电离星云内的氢气，令它们发光。

发射星云能辐射出各种不同色光的游离气体云（也就是电浆）。造成游离的原因通常是来自邻近恒星辐射出来的高能量光子。这些不同的发射星云有些类型是氢Ⅱ区，也就是年轻恒星诞生的场所，大质量恒星的光子是造成游离的原因；而行星状星云是垂死的恒星抛出来的外壳被暴露的高热核心加热而被游离的。

通常，一颗年轻的恒星在诞生的过程中会使周围的部分气体游离，虽然只有质量大且热的恒星能造成大量的游离，但一群年轻的星团经常也可以造成相同的结果。

星云的颜色取决于其化学组成和被游离的量，由于星际间的气体绝大部分都是只要在相对较低的能量下就能游离的氢，所以许多发射星云都是红色的。如果有更高的能量能造成其他元素的游离，那么绿色和蓝色的云气都有可能出现。通过对星云光谱的研究，天文学家可以推断星云的化学元素。大部分的发射星云都有90%的氢，其余的部分则是氦、氧、氮和其他的元素。

在北半球，最著名的发射星云是在天鹅座的北美洲星云和网状星云；在南半球，最好看的则是在人马座的礁湖星云和猎户座的猎户星云。在南半球更南边的则是明亮的卡利纳星云。

发射星云经常会有黑斑出现，这是云气中的尘埃阻挡了光线造成的。发射星云和尘埃的组合经常会形成一些看起来很有趣的天体，而许多这一类的天体都会有传神或有比喻的名称，例如北美洲星云和锥星云。

有些星云是由反射星云和发射星云结合在一起的，例如三裂星云。

2.反射星云

反射星云是靠反射附近恒星的光线而发光的，呈蓝色。

由于散射对蓝光比对红光更有效率（这与天空呈现蓝色和落日呈现红色的过程相同），所以反射星云通常都是蓝色。

以天文学的观点，反射星云只是由尘埃组成，单纯的反射附近恒星或星团光线的云气。这些邻近的恒星没有足够的热让云气像发射星云那样因被电离而发光，但有足够的亮度可以让尘粒因散射光线而被看见。因此，反射星云显示出的频率光谱与照亮它的恒星相似。

3.暗星云

如果气体尘埃星云附近没有亮星，则星云将是黑暗的，即为暗星云。暗星云既不发光，也没有光供它反射，但是能够吸收和散射来自它后面的光线，因此可以在恒星密集的银河中以及明亮的弥漫星云的衬托下发现。

暗星云的密度足以遮蔽来自背景的发射星云或反射星云的光（比如马头星云），或是遮蔽背景的恒星。

天文学上的消光通常来自大的分子云内温度最低、密度最高部分的星际尘埃颗粒。大而复杂的暗星云聚合体经常与巨大的分子云联结在一起，小且孤独的暗星云被称为包克球。

这些暗星云的形成通常是无规则可循的：它们没有被明确定义的外形和边界，有时会形成复杂的蜿蜒形状。巨大的暗星云以肉眼就能看见，在明亮的银河中呈现出黑暗的补丁。

暗星云的内部是发生重要事件场所，比如恒星的形成。

4.超新星遗迹

超新星遗迹也是一类与弥漫星云性质完全不同的星云，它们是超新星爆发后抛出的气体形成的。与行星状星云一样，这类星云的体积也在膨胀之中，最后也趋于消散。

最有名的超新星遗迹是金星座中的蟹状星云。它是由一颗在1054年爆发的银河系内的超新星留下的遗迹。在这个星云中央已发现有一颗中子星，但中子星体积非常小，用光学望远镜不能看到。它是因为有脉冲式的无线电波辐射而发现的，并在理论上确定为中子星。

5.弥漫星云

弥漫星云正如它的名称一样，没有明显的边界，常常呈现出不规则的形状，犹如天空中的云彩，但是它们一般都得使用望远镜才能观测到，很多只有用天体照相马头星云机做长时间曝光才能显示出它们的美貌。它们的直径在几十光年左右，密度平均为每立方厘米10～100个原子（事实上这比实验室里得到的真空要低得多）。它们主要分布在银道面附近。比较著名的弥漫星云有猎户座大星云、马头星云等。弥漫星云是星际介质集中在一颗或几颗亮星周围而造成的亮星云，这些亮星都是形成不久的年轻恒星。

6.行星状星云

行星状星云呈圆形、扁圆形或环形，有些与大行星很相像，因而得名，但和行星没有任何联系。不是所有行星状星云都是呈圆面的，有些行星状星云的形状十分独特，如位于狐狸座的M27哑铃星云及英仙座中M76小哑铃星云等。

样子有点像吐的烟圈，中心是空的，而且往往有一颗很亮的恒星在行星状星云的中央，称为行星状星云的中央星，是正在演化成白矮星的恒星。中央星不断向外抛射物质，形成星云。可见，行星状星云是恒星晚年演化的结果，它们是和太阳差不多质量的恒星演化到晚期，核反应停止后，走向死亡时的产物。比较著名的有宝瓶座耳轮状星云和天琴座环状星云，这类星云与弥漫星云在性质上完全不同，这类星云的体积处于不断膨胀之中，最后趋于消散。行星状星云的"生命"是十分短暂的，通常这些气壳在数万年之内便会逐渐消失。

地球能量的主要来源——太阳光

地球上除原子能和火山、地震、潮汐以外，太阳能是一切能量的总源泉。到达地球大气上界的太阳辐射能量称为天文太阳辐射量。在地球位于日地平均距离处时，地球大气上界垂直于太阳光线的单位面积在单位时间内所受到的太阳辐射的全谱总能量，称为太阳常数。太阳常数的常用单位为瓦每平方米。因观测方法和技术不同，得到的太阳常数值不同。世界气象组织（WMO）1981 年公布的太阳常数值是每平方米 1368瓦。如果将太阳常数乘上以日地平均距离作半径的球面面积，就得到太阳在每分钟发出的总能量，这个能量约为每分钟 2.273×10^{28} 焦。（太阳每秒辐射到太空的热量相当于一亿亿吨煤炭完全燃烧产生热量的总和，相当于一个具有 5200 万亿亿马力的发动机的功率。太阳表面每平方米面积就相当于一个 85000 马力的动力站。）而地球上仅接收到这些能量的二十二亿分之一。太阳每年送给地球的能量相当于 100 亿亿千瓦时电的能量。太阳能取之不尽，用之不竭，又无污染，是最理想的能源。地球大气上界的太阳辐射光谱的 99% 以上在波长 0.15 ~ 4.0 微米之间。大约 50% 的太阳辐射能量在可见光谱区（波长 0.4 ~ 0.76 微米），7% 在紫外光谱区（波长 < 0.4 微米），43% 在红外光谱区（波长 > 0.76 微米），最大能量在波长 0.475 微米处。由于太阳辐射波长较地面和大气辐射波长（约 3 ~ 120 微米）小得多，所以通常又称太阳辐射为短波辐射，称地面和大气辐射为长波辐射。太阳活动和日地距离的变化等会引起地球大气上界太阳辐射能量的变化。

太阳每时每刻都在向地球传送着光和热，有了太阳光，地球上的植物才能进行光合作用。植物的叶子大多数是绿色的，因为它们含有叶绿素。叶绿素只有利用太阳光的能量，才能合成种种物质，这个过程就叫光合作用。据计算，整个世界的绿色植物每天可以产生约4亿吨的蛋白质、碳水化合物和脂肪，与此同时，还能向空气中释放出近5亿吨的氧，为人和动物提供了充足的食物和氧气。

行星新定义

行星通常指自身不发光，环绕着恒星的天体。一般来说行星需具有一定质量，行星的质量要足够的大（相对于月球），以至于它的形状大约是圆球状，质量不够的被称为小行星。行星的名字来自于它们的位置在天空中不固定，就好像它们在行走一般。

如何定义行星这一概念，在天文学上一直是个备受争议的问题。国际天文学联合会大会2006年8月24日通过了"行星"的新定义，这一定义包括以下三点：

1. 必须是围绕恒星运转的天体；

2. 质量必须足够大，它自身的吸引力必须和自转速度平衡使其呈圆球状；

3. 必须清除轨道附近区域，公转轨道范围内不能有比它更大的天体。

一般来说，行星的直径必须在800千米以上，质量必须在5亿亿吨以上。

按照这一定义，目前太阳系内有8颗行星，分别是：水星、金星、地球、火星、木星、土星、天王星、海王星。国际天文学联合会下属的行星定义委员会称，不排除将来太阳系中会有更多符合标准的天体被列为行星。目前在天文学家的观测名单上有可能符合行星定义的太阳系内天体就有10颗以上。

在新的行星标准之下，行星定义委员会还确定了一个新的次级定义——"类冥王星"。这是指轨道在海王星之外、围绕太阳运转周期在200年以上的行星。在符合新定义的12颗太阳系行星中，冥王星、"卡戎"和"2003UB313"都属于"类冥王星"。

太阳系内肉眼可见的5颗行星分别为水星、金星、火星、木星、土星。人类经过千百年的探索，到16世纪哥白尼建立日心说后才普遍认识到：地球是绕太阳公转的行星之一，而包括地球在内的八大行星则构成了一个围绕太阳旋转的行星系——太阳系的主要成员。行星本身一般不发光，以表面反射太阳光而发亮。在主要由恒星组成的天空背景上，行星有明显的相对移动。离太阳最近的行星是水星，以下依次是金星、地球、火星、木星、土星、天王星、海王星。从行星起源于不同形态的物质出发，可以把八大行星分为三类：类地行星（包括水、金、地、火）、巨行星（木、土）及远日行星（天王、海王）。行星环绕太阳的运动称为公转，行星公转的轨道具有共面性、同向性和近圆性三大特点。所谓共面性，是指八大行星的公转轨道面几乎在同一平面上；同向性，是指它们朝同一方向绕太阳公转；而近圆性是指它们的轨道和圆相当接近。

在一些行星的周围，存在围绕行星运转的物质环，由大量小块物体（如岩石，冰块等）构成，因反射太阳光而发亮，称为行星环。20世纪70年代之前，人们一直以为唯独土星有光环，以后相继发现天王星和木星也有光环，这为研究太阳系起源和演化提供了新的信息。

在火星与木星之间分布着数十万颗大小不等、形状各异的小行星，沿着椭圆轨道绕太阳运行，这个区域称之为小行星带。此外，太阳系中还有数量众多的彗星，至于飘浮在行星际空间的流星体就更是无法计数了。

距离地球最近的天体——月球

月球俗称月亮，是地球的伴星，也是离地球最近的天体，还是被人们研究得最彻底的天体。人类至今唯一一个亲身访问过的天体就是月球。月球的年龄大约有46亿年。月球有壳、幔、核等分层结构。最外层的月壳平均厚度为60～65千米。月壳下面到1000千米深度是月幔，它占了月球的大部分体积。月幔下面是月核，月核的温度约为1000℃，很可能是熔融状态的。月球直径约3476千米，是地球的1/4、太阳的1/400。月球的体积只有地球的1/49，质量约7350亿亿吨，相当于地球质量的1/80左右，月球表面的重力约是地球重力的1/6。

　　月球表面有阴暗的部分和明亮的区域。早期的天文学家在观察月球时，以为发暗的地区都有海水覆盖，因此把它们称为"海"。著名的有云海、湿海、静海等。而明亮的部分是山脉，那里层峦叠嶂，山脉纵横，到处都是星罗棋布的环形山。位于南极附近的贝利环形山直径295千米，可以把整个海南岛装进去。最深的山是牛顿环形山，深达8788米。除了环形山，月面上也有普通的山脉。高山和深谷叠现。

　　月球的正面永远都是向着地球，是潮汐长期作用的结果。月球的背面绝大部分不能从地球看见。在没有探测器的年代，月球的背面一直是个未知的世界。月球背面的一大特色是几乎没有月海这种较暗的月面特征。而当人造探测器运行至月球背面时，它将无法与地球直接通信。

　　月球约27天绕地球运行一周，而每小时相对背景星空移动半度，即与月面的视直径相类似。与其他卫星不同，月球的轨道平面较接近黄道面，而不是在地球的赤道面附近。

　　相对于背景星空，月球围绕地球运行（月球公转）一周所需时间称为一个恒星月；而新月与下一个新月（或两个相同月相之间）所需的时

间称为一个朔望月。朔望月较恒星月长是因为地球在月球运行期间，本身也在绕日的轨道上前进了一段距离。

因为月球的自转周期和它的公转周期是完全一样的，所以地球上只能看见月球永远用同一面向着地球。自月球形成早期，地球便一直受到一个力矩的影响导致自转速度减慢，这个过程称为潮汐锁定。亦因此，部分地球自转的角动量转变为月球绕地公转的角动量，其结果是月球以每年约38毫米的速度远离地球。同时地球的自转越来越慢，一天的长度每年变长15微秒。

月球对地球所施的引力是潮汐现象的起因之一。月球围绕地球的轨道为同步轨道，所谓的同步自转并非严格。由于月球轨道为椭圆形，当月球处于近地点时，它的自转速度便追不上公转速度，因此我们可见月面东部达东经98度的地区；相反，当月球处于远地点时，自转速度比公转速度快，因此我们可见月面西部达西经98度的地区。

月球本身并不发光，只反射太阳光。月球亮度随日、月间角距离和地、月间距离的改变而变化。平均亮度为太阳亮度的1/465000，亮度变化幅度从1/630000至1/375000。满月时亮度平均为-12.7等。它给大地的照度平均为0.22勒克斯，相当于100瓦电灯在距离21米处的照度。月面不是一个良好的反光体，它的平均反照率只有7%，其余93%均被月球吸收。月海的反照率更低，约为6%。月面高地和环形山的反照率为17%，看上去山地比月海明亮。月球的亮度随月相变化而变化，满月时的亮度比上下弦要大10多倍。

由于月球上没有大气，再加上月面物质的热容量和导热率又很低，因而月球表面昼夜的温差很大。白天，在阳光垂直照射的地方温度高达+127℃；夜晚，温度可降低到-183℃。这些数值，只表示月球表面的温度。用射电观测可以测定月面土壤中的温度，这种测量表明，月面土壤中较深处的温度很少变化，这正是由于月面物质导热率低造成的。

罕见的日食

月球运动到太阳和地球中间，如果三者正好处在一条直线时，月球就会挡住太阳射向地球的光，月球身后的黑影正好落到地球上，这时发生日食现象。在地球上月影里（月影：月亮投射到地球上产生的影子）的人们开始看到阳光逐渐减弱，太阳面被圆的黑影遮住，天色转暗，全部遮住时，天空中可以看到最亮的恒星和行星，几分钟后，从月球黑影边缘逐渐露出阳光，开始发光、复圆。由于月球比地球小，只有在月影中的人们才能看到日食。月球把太阳全部挡住时发生日全食，遮住一部分时发生日偏食，遮住太阳中央部分发生日环食。发生日全食的延续时间不超过7分31秒。日环食的最长时间是12分24秒。

发生日食需要满足两个条件。其一，日食总是发生在朔日（农历初一）。也不是所有朔日必定发生日食，因为月球运行的轨道（白道）和太阳运行的轨道（黄道）并不在一个平面上。白道平面和黄道平面有5° 9′的夹角。如果在朔日，太阳和月球都移到白道和黄道的交点附近，太阳离交点处有一定的角度（日食限），就能发生日食，这是要满足的第二个条件。

由于月球、地球运行的轨道都不是正圆，日、月同地球之间的距离时近时远，所以太阳光被月球遮蔽形成的影子，在地球上可分成本影、伪本影（月球距地球较远时形成的）和半影。观测者处于本影范围内可看到日全食；在伪本影范围内可看到日环食；而在半影范围内只能看到日偏食。

日全食发生时，根据月球圆面同太阳圆面的位置关系，可分成5种食象：

1.初亏

月球比太阳的视运动走得快。日食时月球追上太阳。月球东边缘刚刚同太阳西边缘相"接触"时叫作初亏，是第一次"外切"，是日食的开始。

2.食既

初亏后大约1小时，月球的东边缘和太阳的东边缘相"内切"的时刻叫作食既，是日全食（或日环食）的开始，对日全食来说这时月球把整个太阳都遮住了，对日环食来说这时太阳开始形成一个环；又指日食过程中，月亮阴影与太阳圆面第一次内切时二者之间的位置关系，也指发生这种位置关系的时刻。

食既发生在初亏之后。从初亏开始，月亮继续往东运行，太阳圆面被月亮遮掩的部分逐渐增大，阳光的强度与热度显著下降。当月面的西边缘与日面的西边缘相内切时，称为食既。天空方向与地图东西方向相反。

3.食甚

食甚是太阳被食最深的时刻，月球中心移到同太阳中心最近；同时指日偏食过程中，太阳被月亮遮盖最多时，两者之间的位置关系；又指日全食与日环食过程中，太阳被月亮全部遮盖而两个中心距离最近时，两者之间的位置关系。也指发生上述位置关系的时刻。

4.生光

月球东边缘和太阳东边缘相"内切"的时刻叫生光，是日全食的结束；从食既到生光一般只有二三分钟，最长不超过7.5分钟。

对于日食，食甚后，月亮相对日面继续往东移动。

5.复圆

生光后大约1小时，月球西边缘和太阳东边缘相"接触"时叫作复圆，从这时起月球完全"脱离"太阳，日食结束。

日全食与日环食都有上述5个过程，而日偏食只有初亏、食甚、复圆3个过程，没有食既、生光。

海洋能资源

海洋能包括潮流、海流、波浪、温差和盐差等，它是一种可再生的巨大能源。据估算，世界仅可利用的潮汐能一项就达30亿千瓦，其中可供发电约为260万亿千瓦时。科学家曾作过计算，沿岸各国尚未被利用的潮汐能要比目前世界全部的水力发电量大1倍。

我国的潮汐能量也相当可观，蕴藏量为1.1亿千瓦，可开发利用量约2100万千瓦，每年可发电580亿千瓦时。浙江、福建两省岸线曲折，潮差较大，那里的潮汐能占全国沿海的80%。浙江省的潮汐能蕴藏量尤其丰富，约有1000万千瓦，钱塘江口潮差达8.9米，是建设潮汐电站最理想的河口。

20世纪50年代后期，我国曾出现过利用潮汐能办电站高潮，沿海诸省市兴建了42个小型潮汐电站，总装机容量500千瓦。70年代初再度出现潮汐办电热潮，至今仍在使用的潮汐电站共有8座，总装机容量7245千瓦。其中较大的3座为浙江江厦电站、山东半岛白沙口电站和广东甘竹滩洪电站。波浪发电主要集中研究小型气动式装置，应用在海上做导航标灯。

据估算，我国可供利用的海洋能量还有：潮流能1000万千瓦、波浪能7000万千瓦、海流能2000万千瓦、温差能1.5亿千瓦和盐差能约为1亿千瓦。

潮汐发电站一般建造在潮差比较大的海湾和河口。选好建站址后就要开始修建水库，因为海洋里的水是相连一体的。为了要利用它发电，首先要将海水蓄存起来，这样便可以利用海水出现的落差产生的能量来带动发电机进行发电。

如果将波浪的能量转换为可利用的能源，那也是一种理想的能源。据计算，游泳池每秒在1平方千米海面上能产生20万千瓦的能量，全世界海洋中可开发利用的波浪能为27亿~30亿千瓦，而我国近海域波浪能的蕴藏量约为1.5亿千瓦，可开发利用量约3000万~3500万千瓦。目前，一些发达国家已经开始建造小型的波浪发电站。利用温差和盐差的能量转换为能源的问题正在研究开发中。

海水中的资源

海水中溶解了大量的气体物质和各种盐类。人类在陆地上发现的100多种元素，在海水中可以找到80多种。人们利用海盐为原料生产出上万种不同用途的产品，例如烧碱（NaOH）、氯气、氢气和金属钠等，凡是用到氯和钠的产品几乎都离不开海盐。

海水中蕴藏着极其丰富的钾盐资源，据计算总储量达5×10^{13}吨，但是由于钾的溶解性低，在1升海水中仅能提取380毫克钾。

溴是一种贵重的药品原料，可以生产许多消毒药品。例如大家熟悉的红药水就是溴与汞的有机化合物，溴还可以制成熏蒸剂、杀虫剂、抗爆剂等。地球上99%以上的溴都蕴藏在汪洋大海中，故溴还有"海洋元素"的美称。据计算，海水中的溴含量约每立方厘米65毫克，整个大洋水体的溴储量可达1×10^{14}吨。

镁不仅大量用于火箭、导弹和飞机制造业，它还可以用于钢铁工业。近年来镁还作为新型无机阻燃剂，用于多种热塑性树脂和橡胶制品的提取加工。另外，镁还是组成叶绿素的主要元素，可以促进作物对磷的吸收。镁在海水中的含量仅次于氯和钠，总储量约为1.8×10^{15}吨，主要以氯化镁和硫酸镁的形式存在。

铀是高能量的核燃料，1千克铀可供利用的能量相当于2250吨优质煤。然而，陆地上铀矿的分布极不均匀，并非所有国家都拥有铀矿，全世界的铀矿总储量也不过 2×10^6 吨左右。但是，在巨大的海水水体中，含有丰富的铀矿资源，总量超过 4×10^9 吨，约相当于陆地总储量的2000倍。

从20世纪60年代起，日本、英国、德国等先后着手从海水中提取铀的工作，并且逐渐建立了多种方法提取海水中的铀。以水合氧化钛吸附剂为基础的无机吸附剂的研究进展最快。当今评估海水提铀可行性的依据之一仍是一种采用高分子黏合剂和水合氧化钛制成的复合型钛吸附剂。现在海水提铀已从基础研究转向开发应用研究。日本已建成年产10千克铀的中试工厂，一些沿海国家亦计划建造百吨级或千吨级铀工业规模的海水提铀厂。如果将来海水中的铀能全部提取出来，所含的裂变能相当于 1×10^{16} 吨优质煤，比地球上目前已探明的全部煤炭储量还多1000倍。

"能源金属"锂是用于制造氢弹的重要原料。海洋中每升海水含锂15~20毫克，海水中锂总储量约为 2.5×10^{11} 吨。随着受控核聚变技术的发展，同位素锂6聚变释放的巨大能量最终将和平服务于人类。锂还是理想的电池原料，含锂的铝锂合金在航天工业中占有重要位置。此外，锂在化工、玻璃、电子、陶瓷等领域的应用也有较大发展。因此，全世界对锂的需求量正以每年7%～11%速度增加。目前，主要是采用蒸发结晶法、沉淀法、溶剂萃取法及离子交换法从卤水中提取锂。

重水也是原子能反应堆的减速剂和传热介质，也是制造氢弹的原料，海水中含有 2×10^{14} 吨重水。如果人类一直致力的受控热核聚变的研究得以解决，从海水中大规模提取重水一旦实现，海洋就能为人类提供取之不尽、用之不竭的能源。

除上述已形成工业规模生产的各种化学元素外，海水还将无私地奉献给人类全部其他微量元素。

生命起源于海洋吗

生命的起源一直是科学家们研究的课题，从现在的研究成果看，普遍认为生命起源于海洋。水是生命活动的重要成分，海水的庇护能有效防止紫外线对生命的杀伤。大约在45亿年前，地球就形成了。大约在38亿年前，当地球的陆地上还是一片荒芜时，在咆哮的海洋中就开始孕育了生命——最原始的细胞，其结构和现代细菌很相似。大约经过了1亿年的进化，海洋中原始细胞逐渐演变成为原始的单细胞藻类，这大概是最原始的生命。由于原始藻类的繁殖，并进行光合作用，产生了氧气和二氧化碳，为生命的进化准备了条件。这种原始的单细胞藻类又经历亿万年的进化，产生了原始水母、海绵、三叶虫、鹦鹉螺、蛤类、珊瑚等，海洋中的鱼类大约是在4亿年前出现的。

由于月亮的吸引力作用，引起海洋潮汐现象。涨潮时，海水拍击海岸；退潮时，把大片浅滩暴露在阳光下。原先栖息在海洋中的某些生物，在海陆交界的潮间带经受了锻炼，同时，臭氧层的形成，可以防止紫外线的伤害，使海洋生物登陆成为可能，有些生物就在陆地生存下来。同时，无数的原始生命在这种剧烈变化中死去，留在陆地上的生命经受了严酷的考验，适应环境，逐步得到发展。大约在两亿年前，爬行类、两栖类、鸟类出现了。而所有的哺乳动物都在陆地上诞生。它们的一部分又回到海洋中。大约在300万年前，出现了具有高度智慧的人类。

火山喷发的秘密

位于冰岛南部亚菲亚德拉冰盖的艾雅法拉火山，当地时间2010年4月14日凌晨1时（北京时间9时）开始喷发，喷发地点位于冰岛首都雷克雅未克以东125千米，岩浆融化冰盖引发洪水，附近约800名居民紧急撤离。

顶部覆盖冰川的冰岛火山不断往外喷射蒸汽形成烟柱。火山喷发散发的热量令覆盖在火山口上约200米厚的冰川迅速融化。冰岛火山于16日继续喷发，同时暴发冰泥流，带来巨大洪水，火山灰在天空中大量飘散。

艾雅法拉火山喷发原因可能是由于火山上原来覆盖的冰川消融导致压力变小，使得岩浆力量得不到抑制。另外，这与太阳活跃、使地球进入一个地震火山高发期也有关。

火山喷发是一种奇特的地质现象，是地壳运动的一种表现形式，也是地球内部热能在地表的一种最强烈的显示，是岩浆等喷出物在短时间内从火山口向地表的释放。由于岩浆中含大量挥发分，加之上覆岩层的围压，使这些挥发分溶解在岩浆中无法溢出，当岩浆上升靠近地表时，压力减小，挥发分急剧被释放出来，于是形成火山喷发。

因岩浆性质、地下岩浆库内压力、火山通道形状、火山喷发环境（陆上或水下）等诸因素的影响，火山喷发的形式有很大差别，一般有这样一些分类：

1.裂隙式喷发

岩浆沿着地壳上巨大裂缝溢出地表，称为裂隙式喷发。这类喷发没有强烈的爆炸现象，喷出物多为基性熔浆，冷凝后往往形成覆盖面积广的熔岩台地。如分布于中国西南川、滇、黔三省交界地区的二叠纪峨眉山玄武岩和河北张家口以北的第三纪汉诺坝玄武岩都属裂隙式喷发。现代裂隙式喷发主要分布于大洋底的洋中脊处，在大陆上只有冰岛可见到此类火山喷发活动，故又称为冰岛型火山。裂隙式喷发多见于大洋底部，是海底扩张原因之一。

2.中心式喷发

地下岩浆通过管状火山通道喷出地表，称为中心式喷发。这是现代火山活动的主要形式，又可细分为3种：

（1）宁静式：火山喷发时，只有大量炽热的熔岩从火山口宁静溢出，顺着山坡缓缓流动，好像煮沸了的米汤从饭锅里沸泻出来一样。溢出的以基性熔浆为主，熔浆温度较高，黏度小，挥发性成分少，易流动。含气体较少，无爆炸现象。夏威夷诸火山为其代表，又称为夏威夷型。这类火山人们可以尽情地欣赏。

（2）爆烈式：火山爆发时，产生猛烈的爆炸，同时喷出大量的气体和火山碎屑物质，喷出的熔浆以中酸性熔浆为主。一般来说中心式喷发的猛烈程度主要与岩浆的黏稠度及其中所含的挥发性成分有关，黏稠度高，挥发性成分多都会导致剧烈的喷发。1902年12月16日，西印度群岛的培雷火山爆发震撼了整个世界。它喷出的岩浆黏稠，同时喷出大量浮石和炽热的火山灰。这次造成26000人死亡的喷发，就属此类，也称培雷型。

（3）中间式：属于宁静式和爆烈式喷发之间的过渡型。此种类型以中基性熔岩喷发为主。若有爆炸，爆炸力也不大。可以连续几个月，甚至几年，长期平稳地喷发，并以伴有歇间性的爆发为特征。以靠近意大利西海岸利帕里群岛上的斯特朗博得火山为代表。该火山大约每隔2～3分钟喷发一次，夜间在50千米以外仍可见火山喷发的光焰，故而被誉为"地中海灯塔"。中间式又称斯特朗博利式。有人认为我国黑龙江省的五大连池火山属于这种类型。

月　食

　　月食是一种特殊的天文现象，指当月球运行至地球的阴影部分时，在月球和地球之间的地区会因为太阳光被地球所遮闭，就看到月球缺了一块。此时的太阳、地球、月球恰好（或几乎）在同一条直线上。月食可以分为月偏食、月全食和半影月食3种。月食只可能发生在农历十五前后。

　　以地球而言，当月食发生的时候，太阳和月球的方向会相差180度，所以月食必定发生在"望"（即农历15日）前后。要注意的是，月食只能发生在满月的时候，这时，太阳、地球和月球成一直线，整个月面被照亮，所以只要天清气朗，保证能清楚看到这种壮观的场面。然而并不是每次满月都会发生月食，因为月球绕地球的轨道偏离了黄道约5°的交角，只有当满月时刻正好是月球在其轨道上穿过黄道平面时，才会发生月食。古代月食记录有时可用来推定历史事件的年代。中国古代迷信的说法又叫作天狗吃月亮。

　　月食可分为月偏食、月全食以及半影月食3种（切记不会发生月环食。因为，月球的体积比地球小的多）。当月球只有部分进入地球的本影时，就会出现月偏食；而当整个月球进入地球的本影时，就会出现月全食。至于半影月食，那就是指月球只是掠过地球的半影区，造成月面亮度极轻微的减弱，很难用肉眼看出差别，因此不为人们所注意。

地球的直径大约是月球的4倍，在月球轨道处，地球的本影的直径仍相当于月球的2.5倍。所以当地球和月球的中心大致在同一条直线上，月球就会完全进入地球的本影，而产生月全食。而如果月球始终只有部分为地球本影遮住时，即只有部分月球进入地球的本影，就发生月偏食。

太阳的直径比地球的直径大得多，地球的影子可以分为本影和半影。如果月球进入半影区域，太阳的光也可以被遮掩掉一些，这种现象在天文上称为半影月食。由于在半影区阳光仍十分强烈，月面的光度只是极轻微减弱，多数情况下半影月食不容易用肉眼分辨。在一般情况下，由于较不易为人发现，故不称为月食，所以月食只有月全食和月偏食两种。

另外由于地球的本影比月球大得多，这也意味着在发生月全食时，月球会完全进入地球的本影区内，所以不会出现月环食这种现象。

每年发生月食数一般为两次，最多发生3次，有时一次也不发生。因为在一般情况下，月球不是从地球本影的上方通过，就是在下方离去，很少穿过或部分通过地球本影，所以一般情况下就不会发生月食。

据观测资料统计，每世纪中半影月食、月偏食、月全食所发生的百分比约为36.6%、34.46%和28.94%。

洋　流

洋流又称海流，海洋中除由引潮力引起的潮汐运动外，海水沿一定途径的大规模流动。引起海流运动的因素可以是风，也可以是热盐效应造成的海水密度分布的不均匀性。前者表现为作用于海面的风应力，后者表现为海水中的水平压强梯度力。加上地转偏向力的作用，便造成海水既有水平流动，又有垂直流动。由于海岸和海底的阻挡和摩擦作用，海流在近海岸和接近海底处的表现，和在开阔海洋上有很大的差别。

大洋中深度小于二三百米的表层为风漂流层，行星风系作用在海面的风应力和水平湍流应力的合力，与地转偏向力平衡后，便生成风漂流。行星风系风力的大小和方向，都随纬度变化，导致海面海水的辐合和辐散。一方面，它使海水密度重新分布而出现水平压强梯度力，当它和地转偏向力平衡时，在相当厚的水平层中形成水平方向的地转流；另一方面，在赤道地区的风漂流层底部，海水从次表层水中向上流动，或下降而流入次表层水中，形成了赤道地区的升降流。

大洋上的结冰、融冰、降水和蒸发等热盐效应，造成海水密度在大范围海面分布不均匀，可使极地和高纬度某些海域表层生成高密度的海水，而下沉到深层和底层。在水平压强梯度力的作用下，作水平方向的流动，并可通过中层水底部向上再流到表层，这就是大洋的热盐环流。

大洋表层生成的风漂流，构成大洋表层的风生环流。其中，位于低纬度和中纬度处的北赤道流和南赤道流，在大洋的西边界处受海岸的阻挡，其主流便分别转而向北和向南流动，由于科里奥利参量随纬度的变化（β–效应）和水平湍流摩擦力的作用，形成流幅变窄、流速增大的大洋西向强化流。每年由赤道地区传输到地球的高纬地带的热量中，有一半是大洋西边界西向强化流传输的。进入大洋上层的热盐环流，在北半球由于和大洋西向强化流的方向相同，使流速增大；但在南半球则因方向相反，流速减缓，故大洋环流西向强化现象不太显著。

大洋表层风生环流在南半球的中纬度和高纬度地带，由于没有大陆海岸阻挡，形成了一支环绕南极大陆连续流动的南极绕极流。

在大洋的东部和近岸海域，当风力长期地、几乎沿海岸平行地均匀吹刮时，一方面生成风漂流，发生海水的水平辐合和辐散，而出现上升流和下降流；另一方面因海水在近岸处积聚和流失而造成海面倾斜，发生水平压强梯度力而产生沿岸流，就形成沿岸的升降流。

大洋西向强化流在北半球向北（南半球向南）流动，而后折向东流，至某特定地区时，流动开始不稳定，流轴在其平均位置附近便发生波状的弯曲，出现海流弯曲（或蛇行）现象，最后形成环状流而脱离母体，生成了中央分别为来自大陆架的冷水的冷流环和来自海洋内部的暖水的暖流环。这是一类具有中等尺度的中尺度涡。此外，在大洋的其他部分，由于海流的不稳定，也能形成其他种类的中尺度涡。这些中尺度涡集中了海洋中很大一部分能量，形成了叠加在大洋气候式平均环流场之上的各种天气式涡旋，使大洋环流更加复杂。

在海洋的大陆架范围或浅海处，由于海岸和海底摩擦显著，加上潮流特别强等因素，便形成颇为复杂的大陆架环流、浅内海环流、海峡海流等浅海海流。

海流按其水温低于或高于所流经的海域的水温，可分为寒流和暖流两种，前者来自水温低处，后者来自水温高处。表层海流的水平流速从每秒几厘米到每秒300厘米，深处的水平流速则在10厘米每秒以下。铅直流速很小，从每天几厘米到每小时几十厘米。海流以流去的方向作为流向，恰和风向的定义相反。

海流对海洋中多种物理过程、化学过程、生物过程和地质过程，以及海洋上空的气候和天气的形成及变化，都有影响和制约的作用，故了解和掌握海流的规律、大尺度海—气相互作用和长时期的气候变化，对渔业、航运、排污和军事等都有重要意义。

水循环

在太阳能和地球表面热能的作用下，地球上的水不断被蒸发成为水蒸气，进入大气。水蒸气遇冷又凝聚成水，在重力的作用下，以降水的形式落到地面，这个周而复始的过程，称为水循环。

水是一切生命机体的组成物质，也是生命代谢活动所必需的物质，又是人类进行生产活动的重要资源。地球上的水分布在海洋、湖泊、沼泽、河流、冰川、雪山以及大气、生物体、土壤和地层中。水的总量约为 1.4×10^8 立方米，其中97%在海洋中，约覆盖地球总面积的70%。陆地上、大气和生物体中的水只占很少一部分。

地球上的水圈是一个永不停息的动态系统。在太阳辐射和地球引力的推动下，水在水圈内各组成部分之间不停的运动着，构成全球范围的大循环，并把各种水体连接起来，使得各种水体能够长期存在。海洋和陆地之间的水交换是这个循环的主线，意义最重大。在太阳能的作用下，海洋表面的水蒸发到大气中形成水汽，水汽随大气环流运动，一部分进入陆地上空，在一定条件下形成雨雪等降水；大气降水到达地面后转化为地下水、土壤水和地表径流，地下径流和地表径流最终又回到海洋，由此形成淡水的动态循环。这部分水容易被人类社会所利用，具有经济价值，正是我们所说的水资源。

水循环是联系地球各圈和各种水体的"纽带"，是"调节器"，它调节了地球各圈层之间的能量，对冷暖气候变化起到了重要的作用。水循环是"雕塑家"，它通过侵蚀、搬运和堆积，塑造了丰富多彩的地表形象。水循环是"传输带"，它是地表物质迁移的强大动力和主要载体。更重要的是，通过水循环，海洋不断向陆地输送淡水，补充和更新陆地上的淡水资源，从而使水成为了可再生的资源。

水循环的主要作用表现在3个方面：

1.水是所有营养物质的介质，营养物质的循环和水循环不可分割地联系在一起；

2.水对物质是很好的溶剂，在生态系统中起着能量传递和利用的作用；

3.水是地质变化的动因之一，一个地方矿质元素的流失，而另一个地方矿质元素的沉积往往要通过水循环来完成。

水循环是多环节的自然过程，全球性的水循环涉及蒸发、大气水分输送、地表水和地下水循环以及多种形式的水量贮蓄。

降水、蒸发和径流是水循环过程的3个最主要环节，这三者构成的水循环途径决定着全球的水量平衡，也决定着一个地区的水资源总量。

蒸发是水循环中最重要的环节之一。由蒸发产生的水汽进入大气并随大气活动而运动。大气中的水汽主要来自海洋，一部分还来自大陆表面的蒸散发。大气层中水汽的循环是蒸发—凝结—降水—蒸发的周而复始的过程。海洋上空的水汽可被输送到陆地上空凝结降水，称为外来水汽降水；大陆上空的水汽直接凝结降水，称内部水汽降水。一地总降水量与外来水汽降水量的比值称该地的水分循环系数。全球的大气水分交换的周期为10天。在水循环中水汽输送是最活跃的环节之一。

径流是一个地区（流域）的降水量与蒸发量的差值。多年平均的大洋水量平衡方程为：蒸发量=降水量+径流量；多年平均的陆地水量平衡方程是：降水量=径流量+蒸发量。但是，无论是海洋还是陆地，降水量和蒸发量的地理分布都是不均匀的，这种差异最明显的就是不同纬度的差异。

海洋对人类的重要意义

世界海洋面积为3.6亿平方千米，占地表总面积的71%，是陆地面积的2.5倍。在辽阔的海洋里，共储存13.7亿立方千米即137亿亿吨海水。由于海洋面积广大，资源丰富，能从各个方面为人类提供生存和发展的有利条件，因此，它在人类经济活动中占有极重要的地位。目前人类对海洋的考察了解还很不充分，但它在人类经济活动的重要作用已相当突出；随着科学技术的发展和对海洋研究的逐步深入，其重要意义将会越来越明显。

海洋是地球上最大的生物储库。辽阔的海洋生长着十几万种海洋动植物，每年为人类提供约20亿吨海洋动物和数亿吨海洋植物食品，比陆地上提供的食物要丰富得多。现在人们直接和间接食用的动物蛋白质，约有1/4来自海洋。

海洋是地球上最大的矿物质储库。大洋中蕴藏着极丰富的矿物资源，陆地上已发现的100多种元素，在海洋中已找到80多种，估计将来有可能全部被发现、利用。海洋矿产储量特别丰富，如海水中含食盐总量可达4亿亿吨，如果铺在陆地上，其厚度可达150米。海洋矿物分海水矿物和海底矿物两种。尽管有些元素在海水中所占的比重非常微小，但由于海水特别多，因此其绝对量很大。如海水中的铀，其总量比陆地上要多2000至10000倍。

海洋是地球上最大的能源储库。海洋能源极为丰富，除海底蕴有丰富的煤、石油、天然气及铀外，海水本身也是一个巨大的能源宝库，不仅蕴有原子能（如铀、重水等），而且波浪、海流、潮汐、海水温差及海水含盐浓差等，也都蕴藏着巨大的能量。据估计，仅潮汐能每年可能发电量，比人类有史以来已消耗的能量总和还要大100倍。

总之，对海洋的开发利用，向海洋进军，是人类经济活动的重要组成部分，它已成为人类活动的广阔场所。当陆地已被人类全部占有，有些资源已感不足，而人口还在不断增长的情况下，人类将向何处发展？看来，只有海洋和宇宙空间是两个待开发的领域。二者比较起来，海洋对于人类经济活动更为现实一些。因此，海洋将成为人类活动的主要场所。

沼 泽

草原多形成于干旱、半干旱气候条件下，降水量较少，土壤和大气很长时间内都处于很缺水的状态，但是有一种草地不仅不缺水，而且很湿润，这就是沼泽，它是草地的一种。在我国辽阔的东北平原，除羊草草地外，还有大面积的沼泽草地。沼泽草地主要分布于相对低洼的地

方，如齐齐哈尔附近的札龙。沼泽草地植被的植物种类组成比较简单，主要以禾本科植物为主，如芦苇、香蒲、茭笋、水烛等。芦苇沼泽草地植物高度一般较高，可达到150～250厘米，生物量较高。每公顷可产干草3000千克。沼泽草地常与大面积的水体相连，因而常成为湿地的重要组成部分。由于沼泽草地特殊的生态环境，所以成为许多候鸟迁徙停留之处，如有名的丹顶鹤和许多其他鹤类，从3月底到8月底常在这些地区停留、繁殖、生活。因而在这些地区建立自然保护区就十分必要。我国有名的札龙、向海、达里诺尔等自然保护区就是这方面的代表。这类沼泽地有绝佳的景观和极好的科研价值，所以要好好保护。

荒漠草原

最湿润的草地是沼泽，那么最干旱的草地是什么呢？地球上最干旱的草地是荒漠草原。

荒漠草原是草原向荒漠过渡的一类草原，是草原植被中最干旱的一类草原。在我国，荒漠草原主要分布于内蒙古的京二线以西地区，如西苏旗等地。这类草原年降水量一般只有200毫米左右，生产力较低，平均每亩约455千克。不过在这些地区有许多特殊的植物很有价值，发菜就是其中一种。发菜是一种低等植物，形状如头发，故而得名，因其蛋白质含量较高，更重要的是因为发菜与"发财"谐音，因而受到希望发财的人们的喜爱。搂取发菜对草场常造成严重破坏，故我国政府明令禁止搂取发菜，自2000年起，更颁令取缔发菜市场。荒漠草原地区生态环境严酷，放牧牛、绵羊都很困难，只有山羊、骆驼等可以生存。

地球上的"寒极"

1838年，俄国商人尼曼诺夫在途经西伯利亚的伊尔库次克时，无意中测得了-60℃的最低气温，在当时引起了一场轰动。但是谁也不太相信这位商人测得的记录是正确的。47年以后，也就是1885年2月，位于北纬64°的奥依米康，人们测得了-67.8℃最低温度，第一次获得了世界"寒极"的称号。1957年5月，位于南极"极点"的美国安蒙森·斯科特观测站传出了一个惊人的消息，那里的最低气温降到了-73.6℃，因而世界的"寒极"从北半球迁到了南极。同年9月，这个观测站又记录到了-74.5℃的更低气温。1983年7月21日，俄罗斯"东方站"测得的最低气温为-89.2℃，这才是真正的"寒极"了。

为什么地球上的"寒极"出现在南极呢？这是因为，南极地区纬度高，离海洋也远。"东方站"位于南极圈以内，而且都处在3000米左右的高原上。冬季长夜漫漫，气温急剧降低；夏季虽有几十天的极昼，但太阳斜射，光热微弱，冰雪难以融化，所以一直保持很低的气温。

海洋自然带的划分

辽阔的海洋与陆地相比，其表面非常单一，表层的温度、盐度、水层动态及海洋生物的分布等也都有一定的纬向地带性。但由于海洋水体具有巨大的流动性，故地带性表现不如大陆明显，各自然带之间的界限只能大体确定，海洋自然带数目也较少。海洋自然带的划分，仍以热量带为基础，生物群的分布也是划分海洋自然带的主要标志之一。根据冬季海洋表层水温的不同，分为冷水（小于0℃）、温水（0℃～10℃）、暖水（10℃～20℃）和热水（大于20℃）等4种类型。结合与海水温度、理化特征和水体运动密切联系的浮游生物的数量变化，可将世界海洋分为7个自然带。

1.北极带

包括巴伦支海的大部分水面以外的北冰洋，以及北美东部纽芬兰到冰岛一线西北的大西洋部分。这里表层水温低，又因大陆冰冻期长，江河流入海洋的营养盐类不多，故海洋生物种数有限，仅在冰融化的边缘海域，才有浮游生物，并将一些鱼类和其他动物吸引到此处。其中，具有经济价值的鱼类主要有北极鳕、白海鲱等；此外，还有鲸目动物（北极鲸或格陵兰鲸）以及海豹、海象和海鸥、海雀、海鹦等。

2. 北温带

北邻北极带，南至北纬40° 左右的海域。这里终年受极地气团影响，虽然冬季表层水温较低，但盐度小，含氧量多，水团垂直交换强，水中营养盐类丰富，浮游生物很多，故使大量以浮游生物为饵料的鱼类得到繁殖、生长，成为世界重要渔场的分布区域。本带鱼类的种数远比北极带丰富，主要有太平洋鳕鱼、鲱鱼、大马哈鱼等，它在世界渔业经济中占据着重要地位。哺乳动物中，在太平洋部分有海狗、海驴、海獭、日本鲸和海豚；在大西洋水域有比斯开鲸、白海海豚、海豹等。

3. 北热带

位于北纬40° 到北纬10° ~ 18° 之间。全年受副热带高压带控制，广大海域水体垂直交换微弱，深层水的营养盐类不易上涌，浮游生物和有经济价值的鱼类都较少。但是，在受赤道洋流影响的海域，含有丰富营养盐类的深层水上涌，使浮游生物和鱼类得以繁殖，形成有价值的鱼类捕捞区。哺乳类动物很少，主要有抹香鲸。本带北部繁殖有多种浮游动物，南部有大量的珊瑚、海龟和鲨等。

4. 赤道带

位于北纬10° ~ 18° 和南纬0° ~ 8° 之间。处在赤道低压区，全年气温高、风力微弱、蒸发旺盛，加之有赤道洋流引起海水的垂直交换，使下层营养盐类上升，生物养料比较丰富，鱼类较多，主要有鲨、鳣等，飞鱼为赤道带典型鱼类。

5. 南热带

位于南纬0° ~ 8° 到南纬40° 之间。本带由于高压特别强盛，致使热带位置向北推移，其他特征和成因均与北热带基本相同。

6. 南温带

大约处于南纬40° ~ 60° 之间，海洋生物的发育和生长条件与北温带相似。海生植物繁茂，巨型藻类生长极好，浮游生物丰富，是南半球海洋动物最多的地带。这里生活着几种南、北温带均可见到的动物类群，如海豹、海狗、鲸、刀鱼、小鲲鱼、鳓鱼、鲨鱼等。冬季有南方的海洋动物在此越冬，夏季有热带海洋动物前来肥育。在非洲大陆西南和南美洲秘鲁沿海，因有上升流存在，把深层海水中丰富的营养盐类和有机物质带到海水表层，使浮游生物大量繁殖，因而鱼类非常丰富，成为南半球重要的捕捞区。

7.南极带

位于南纬60°以南到南极大陆之间，全年盛行来自极地的东南风，水温很低。在短促的夏季，有温带的洄游鱼类来此繁育；南极海域有丰富的磷虾作为饵料，故有较多的鲸类；此外还有海豹、海狗、海驴和一些鸟类。它和北极带一样，生物种类较少，但个别种（如硅藻、磷虾和企鹅等）的数量很多。

地理篇
DI LI PIAN

黄河泥沙来源

淤积在黄河下游河道里，水流冲不走、搬不动的粗颗粒泥沙主要来自哪里？经过多个部门协同攻关，黄河水利委员会成功"解谜"：最大粗泥沙集中来源区位于黄土高原地区的窟野河、皇甫川等9条黄河重点支流流域内，面积为1.88万平方千米。

长期以来，黄河泥沙尤其是粗泥沙的不断淤积是黄河最为复杂难治的根源，使得黄河下游成为举世闻名的"地上悬河"。随着新的治黄理论框架体系确立，黄河水利委员会提出了构筑控制黄河粗泥沙的"三道防线"，第一道防线就是黄土高原。黄土高原面积64万平方千米，有45.4万平方千米的水土流失区，其中7.86万平方千米为多沙粗沙区。

一年多来，黄河水利委员会多个部门借助遥感和GIS技术，综合确定出了粗泥沙集中来源区。该区域有三大片，成"品"字形分布，涉及窟野河、皇甫川等9条支流，总面积1.88万平方千米。该区域是产粗沙

"大户"。

粗泥沙集中来源区的确定，将为治理黄土高原重点水土流失区，构筑控制黄河粗泥沙的第一道防线，遏制黄河下游河道主河槽淤积和"维持黄河健康生命"发挥积极作用。

黄河源头

中华民族自古就非常重视水利建设，《山海经》、《水经》、《禹贡》等皆有记录在案，成为不容否定的铁证。远在伏羲女娲时代，朝中就设"共工"一臣，相当于今日之水利部部长一职。到五帝时，已基本改名为：水正。为了防治水害，兴修水利，造福兆民，延恩万代，古人对地脉水源作了大量的调查考察研究工作，尤其是在调查两大母亲河——长江和黄河上面。

黄河源头到底在何处，莫说古人，就是现在仍是个难解之谜。唐朝诗人李白说，"君不见黄河之水天上来，奔流到海不复回"。

所谓黄河之源头，只能是相对而言，千条江河归大海，黄河源头也不止一处。人往高处行，水向低处流。要想寻找中华母亲河之一的黄河最初源头，当然应向其最上游寻找。

当初黄帝曾问风后氏："我想知道黄河之源头在什么地方？"风后氏答道："黄河源头有五处，它们全都开始于昆仑之墟。"即昆仑之丘。《水经注·河水》引《洛水》说，"河自昆仑，出于重野"。

由此可见为寻黄河源头，远在几千年前，我国古人就花费了不少精力对它进行研究调查，因为搞清黄河源头，对我国民的生计实在太重要了，因此近代我国政府对查清黄河之源也很重视，多次派人到其源头进行考察。

也有人认为现在的黄河，在黄帝以前是没有的，何以见得呢？所谓黄河一方面固然是指其河水颜色，另一方则可能是指其产生时间是在黄帝时代，故曰：黄河。

还有就是现在的黄河发源于青海省巴颜喀拉山，东南流折向西北，又折向东北，入甘肃境，直向东北流，出长城，循贺兰山东麓、阴山南麓，再折而南，经龙门之峡，直到华山之北，再折而东，以入河南，经河北、山东两省，以入海，它的流向是如此的。

再将它两岸的山脉一看，北面是祁连山、松山、贺兰山、阴山，南面是岷山、西倾山、鸟鼠同穴山、六盘山、白玉山、吕梁山，接着龙门山，东面是管涔山，上面由洪涛山而接阴山，下面由吕梁山而亦接着龙门山。

照这个地形看起来，从龙门以上，黄河的上源，实已包围于群山之中，无路可通。但是既然有这许多水，如果不成为盐湖，总须有一个出路，所以古书上说："上古之时，龙门未辟，吕梁未凿，河出孟门之上。"就是指帝尧时代之水灾而言了。

但是这个地方，就有一个疑问：如果这个水，是向来出孟门之上的，那么已成为习惯，它的下流，当然早有了通路，何至于成灾？夏禹又何必去开凿它？如果这个水，到帝尧时代，才出孟门之上，以致成灾的，那么请问黄帝以前，这个水的出路究竟在哪里？如果是个盐湖，向来并无出口，那么何以到了黄帝时代，忽然要寻出口？这些都是值得我们深思和研究的。

《路史》说："黄河出于昆仑山东北角，刚山之东北，以北流千里，折西而行，至于（终）南山，南流至寻山之阴，东流千里至雍（州），北流千里至于下津。（黄）河水（有）九曲，其长九千里，入于渤海。"

由《路史》等可知，从古至今历来人们都是认为黄河之水来自昆仑山。而且古之黄河入海口，不在今日之山东，而是在河北省天津。

《星传》曰：（黄）河（之）源，自北纪之首，循雍州北徼，达华阴，而与地络相会并行，而东至太行之曲，分而东流，与泾、渭、济、漯相为表里，谓之北河。南河为今日之长江。

整个黄河地域，古名为：三河。古人将它分为3个部分，这就是：河西、河东，河内。河内，现名：河套地区，为古之冀州。

海底冷光

每当夜幕降临在大海时，人们常常可以看到海面上闪闪烁烁的光芒像一条条火舌。海洋发光主要是由发光细菌引起的。在这些发光细菌的生物体内，有一种荧光素，和氧结合生成氧化荧光素，其化学反应所产生的能量以光的形式释放出来，因此就发出了光。海洋发光细菌多生活在热带和温带海洋中。它们大多是以寄生、共生或腐生的方式生长在鱼、虾、贝、藻等生物体上，为这些鱼、虾、贝等提供了新的光源，使它们更有利于觅食和驱敌。一个瓜水母发出的光可让人在黑暗中看清人的面孔；长腹缥水蚤发的光能力也很强，可以利用它的光在轮船甲板上读报。

除发光细菌外，许多真菌、甲壳类动物、昆虫以及海鸟等都会发出生物光。在非洲的沼泽上，就有一种会发光的荧鸟，其头部长着一层会闪闪发光的硬壳，其亮度相当于两瓦灯泡的亮度，当地居民把这种鸟捉来养在鸟笼里，夜行时当手电筒用。

海上水生物发出的光都是"冷光"，在发光的同时，没有辐射热能的消耗，因而生物发光的效率是很高的。普通电灯泡（白炽灯）通电时，灼热的钨丝把7%～13%的电能变成了可见的光，其余电能成了不可见的光和热。而生物光几乎能将化学能百分之百地转变为可见光，为普通电光源效率的几倍到几十倍。长期以来，人们就巧妙地利用这种生物光为自己造福，比如：渔民们利用海光寻找鱼群，识别暗礁、浅滩、沙洲和冰山等。由于生物光源没有电流不会生成磁场，因而人们可以在这种光流的照明下做着消除磁性水雷等工作。随着科学技术的发展，奇妙的生物冷光将进一步为人们所认识。有朝一日大规模应用冷光，各种各样不辐射热的发光墙或冷光发光体会相继诞生，必将引起人们生活领域的一场伟大变革。

海水和海底的年龄比较

我们知道，海洋中的盐分都是汇入大海的江河在漫长的历史年代中一点点累积起来的。因此，从海水中的含盐量可以间接测定海水的年龄，目前科学家们比较认可的海水的年龄约为45亿年。人们普遍认为，海底的年龄应该大于45亿年才对。可是科学家们多年来对太平洋深海钻探取得的岩芯进行年龄测定，至今也从未发现过太平洋底有早于1.5亿年前的任何样品。也就是说，没有任何证据表明，太平洋底的年龄超过了1.5亿年。这好像是一件很奇怪的事情，怎么会有这种令人费解的情况出现呢？

原来在海洋的底部，有一条峰峦绵亘的雄伟山脉，它起自北冰洋，穿过冰岛，纵贯大西洋，绕过非洲，沿印度洋西侧北上，直达红海，然后调头沿印度洋东侧直至澳洲，横过南太平洋后再傍着美洲大陆的西海岸奔向阿拉斯加，人们称之为大洋中脊。大洋中脊的突出特征是沿脊线的山峰陡峭高耸，而且这些山峰又往往被它们中央的裂谷深深地分割为二，形成双峰对峙之势。而数量众多的地震震源正好沿着这条大洋中脊的中央裂谷和脊段之间的横向断裂而分布。由于裂谷和断裂的存在，这里的地壳变得很薄，大约只有3～5千米，地底下高温高压的熔岩以中央裂谷为突破口，不断冲破谷底"老"的地壳向外喷涌，但碰到海水后又凝固，形成了新的地壳，并将老地壳向外排挤，形成了海底的扩张，或者说换底的现象。

大洋中脊每年产生的新地壳约为10厘米宽，这样，宽约15000千米的太平洋洋底，只要1.5亿年便可更新一次，难怪大洋底的年龄不超过1.5亿年。因此，与海水比较起来，海底实在是太年轻了。

为什么会发生钱塘江大潮

每逢农历八月十八日，来浙江海宁一带观潮的人，成群结队，络绎不绝。这时的岸边，人山人海，万头攒动，人们焦急地等待那激动人心时刻的到来。不一会儿，忽见人群骚动，只见远处出现一条白线，由远而近；刹那间，壁立的潮头，像一堵高大的水墙，呼啸席卷而来，发出雷鸣般的吼声，震耳欲聋。这真是："滔天浊浪排空来，翻江倒海山为摧"。这就是天下闻名的钱塘江大潮。汹涌壮观的钱塘潮，历来被誉为"天下奇观"。人们通常称这种潮为"涌潮"，也有的叫"怒潮"。涌潮现象，在世界许多河口处也有所见。如巴西的亚马孙河、法国的塞纳尔河等。我国的钱塘江大潮，也是世界著名的。

为什么会发生这样壮观的涌潮呢？

首先，这与钱塘江入海的杭州湾的形状有关，也与其特殊的地形有关。杭州湾呈喇叭形，口大肚小。钱塘江河道自澉浦以西，急剧变窄抬高，致使河床的容量突然缩小，大量潮水拥挤入狭浅的河道，潮头受到阻碍，后面的潮水又急速推进，迫使潮头陡立，发生破碎，发出轰鸣，出现惊险而壮观的场面。但是，河流入海口是喇叭形的很多，但能形成涌潮的河口却只是少数，钱塘潮能荣幸地列入这少数之中，又是为什么？

科学家经过研究认为，涌潮的产生还与水流的速度跟潮波的速度比值有关，如果两者的速度相同或相近，势均力敌，就有利于涌潮的产生，如果两者的速度相差很远，虽有喇叭形河口，也不能形成涌潮。

还有，河口能形成涌潮，与它处的位置潮差大小有关。由于杭州湾在东海的西岸，而东海的潮差，西岸比东岸大。太平洋的潮波由东北进入东海之后，在南下的过程中，受到地转偏向力的作用，向右偏移，使两岸潮差大于东岸。

杭州湾处在太平洋潮波东来直冲的地方，又是东海西岸潮差最大的方位，得天独厚。所以，各种原因凑在一起，促成了钱塘江涌潮。

最典型的草原——大针茅草原

在那么多类型的草原中，哪一种草原最典型和最有代表性呢？所谓最典型，就是说它的气候、植物、动物、土壤等最能代表草原的生态环境。根据各方面的研究，一致认为大针茅典型草原是最有代表性的类型。为什么呢？因为大针茅草原形成的自然条件是温暖半干旱的气候，年降水量平均350毫米左右，土壤为栗钙土，主要分布于内蒙古高原的中部地区。组成大针茅草原的植物约60种，每平方米15种左右。主要有大针茅、羊草、克氏针茅、冷蒿、苔草、知母、糙隐子草等。这一类草原平均高度30厘米左右，每公顷产草量1300～2000千克。在土地利用上主要是用于打草场，局部地区为放牧场。但如果用于放牧，由于大针茅的颖果有很强的芒针，常常刺入羊皮，在羊皮上留下许多针孔，会影响羊皮的质量。这一类型草地不可开垦为农田。大针茅典型草原面临的最大问题是生态系统的退化。

资源宝库北冰洋

北冰洋虽是一个冰天雪地的世界，气候严寒，还有漫长的极夜，不利于动植物的生长，但它并不是人们想象的寸草不长、生物绝迹的不毛之地。当然比起其他几大洋来，生物的种类和数量是比较贫乏的。海岛上的植物主要是苔藓和地衣，南部的一些岛屿上有耐寒的草本植物和小灌木；动物以生活在海岛、浮冰和冰山上的白熊最著名，被誉为北极的象征，其他还有海象、海豹、雪兔、北极狐、驯鹿和鲸鱼等。由于气温和水温很低，浮游生物少，故鱼的种类和数量也较少，只有巴伦支海和格陵兰海因处在寒暖流交汇处，鱼类较多，盛产鲱鱼、鳕鱼，是世界著名渔场之一。夏季在西伯利亚沿岸一带鸟类很多，形成独特的“鸟市”。值得注意的是，北冰洋海域的矿产资源相当丰富，是地球上一个还没有开发的资源宝库，特别是巴伦支海、喀拉海、波弗特海和加拿大北部岛屿以及海峡等地，蕴藏有丰富的石油和天然气，估计石油储量超过100亿吨。斯匹次卑尔根的煤储量80多亿吨，煤层厚、质量优、埋藏浅，苏联和挪威已联合进行开采，年产煤100多万吨；格陵兰的马莫里克山的铁矿，储量20多亿吨，系优质矿。此外，北冰洋地区还蕴藏着丰富的铬铁矿、铜、铅、锌、钼、钒、铀、钍、冰晶石等矿产资源，但大多尚未开采利用。

美国"俄勒冈漩涡"地带

在美国俄勒冈州有个奇妙、离奇的磁力漩涡地带。凡到过这个地方的人，都会惊得目瞪口呆。如果骑马前来，马一到这个地方就裹足不前，而且万分恐惧地向后倒退。在天空飞翔的小鸟，一飞到这个地方的上空就好像要被黏住一般，寸步难移，经过一阵颤抖、挣扎，便慌慌忙忙向别处逃跑。即使是四周的树木，也深受影响，树枝连叶都向磁力圈低头。

若把橡皮球放在漩涡磁力圈内，橡皮球便向磁力中心点滚过去。把纸张撕成碎片散掷于空中，碎片就在空中卷进漩涡中，然后在磁力中心点落下来，好像有人在空中搅拌碎纸似的。这种不可思议的景象，任何人看了都会怀疑自己到了别的星球，不知所措。

后来用仪器测定，显示这里有个直径约50米的磁力圈。但这个磁力圈不是固定不动，而是以9天为一周期，循圆形轨道移动。

引力失常的中国怪坡

在甘肃省甘南县祈丰区的戈壁滩上，于1999年初发现了一段怪坡。怪坡距嘉峪关和酒泉市各40多千米。在砾石乱布的戈壁荒滩上，有一条明显的土沟，怪坡在沟的一侧，坡度约有15°、长60米。在这段坡上驾驶机动车，下坡要加大油门，否则难以行进；上坡要踩刹车，否则速度会自行加快。向坡面上倒水，水往高处（坡上方）流，立放在坡面的的自行车，轮胎也自行向坡上方跑；机动车越大，自行向上方跑的速度越快。有记者亲自进行了试验。他们把越野车停放在坡的下半端，车头向下，关闭油门，变速箱放在空挡位置。只见汽车不向下滑，却自行向坡上后退，而且速度越来越快。当越野车向坡下行驶时，则需要加大油门。而在土沟的另一侧，也有一条类似的坡道，但并没有这种奇怪的现象。

中国很多地方都发现了怪坡，大连市滨海怪坡位于滨海路"十八盘"的上部地段。"十八盘"是对滨海路一段S形弯度极大的陡峭山路的通俗称呼。"怪坡"一段长约60米，宽4米，看起来显然是东高西低的坡度，但驾车来此停住不动，汽车会被一股神秘力量牵引往坡上方向驱动，前行速度不是慢腾腾勉强方可感觉而是相当明显的那种。如果骑自行车来这里感觉就更妙，骑车人不用蹬就可驶向坡顶，反之下坡时则要用力蹬。怪坡现象引起地质学家和大学教授们的极大关注，但至今仍没有找到令人信服的科学解释。

美国加利福尼亚州的神秘点

美国加利福尼亚州圣塔柯斯小镇的郊外，有一个神秘地带。日本人矢迫纯一和他的朋友大桥，曾到该处"探秘"。自旧金山市驱车沿公路南下约两小时，可抵达一个名叫圣塔柯斯的小镇。该神秘地带就位于这个小镇的郊外，行车大约5分钟。

地面上铺着两块长约50厘米、宽约20厘米的石板，两石板相隔40厘米左右。矢迫与大桥各自选择一块石板相对而立，奇异现象就发生了，身高164厘米的矢迫，竟比180厘米以上的大桥先生看起来魁梧得多。他们的距离仅仅40厘米。他们再交换站立的位置时，大桥先生的身高骤然"增长"，矢迫显得就更加渺小了。

起初，他们怀疑石板下面高低不一，为此，他们使用水平仪来测量，结果证明两块石板完全处于同一水平平面之中。

神秘石板到中心地段，是一条坡度极大的通道，通道上所有的大树都向同一方向大幅度倾斜。人在此地也无法垂直站立，身体竟会不由自主地与树木向同一方向倾斜却不跌倒，而且还能步履稳健、毫不费力地行走。在这个地方，凡是挂着的东西，都无法与地面形成直角，而总是处于倾斜状态，甚至从空中落下来的物体，也是斜斜地飘下。如果把圆球放在一块斜木块上，球竟会从低处向高处滚动。出现于神秘地带的种种怪异现象是违反牛顿重力定律的，至今仍然无人能破解这个迷。

"黄泉大道"之谜

在美洲的著名古城特奥蒂瓦坎，有一条被称为"黄泉大道"的纵贯南北的宽阔大道。在公元10世纪时，最早来到这里的阿兹台克人，沿着这条大道来到这座古城时，发现全城没有一个人，他们认为大道两旁的建筑都是众神的坟墓，所以就给它起了这个奇怪的名字。很多年以前，一位名叫休·哈列斯顿的人测量"黄泉大道"两边的神庙和金字塔遗址时发现："黄泉大道"上那些遗址的距离，恰好表示着太阳系行星的轨道数据。在"城堡"周围的神庙废墟里，地球和太阳的距离为96个"单位"，金星为72，水星为36，火星为144。"城堡"后面有一条运河，它离"城堡"的中轴线为288个"单位"，刚好是木星和火星之间小行星带的距离。离中轴线520个"单位"处是一座无名神庙的废墟，这相当于从木星到太阳的距离。再过945个"单位"，又是一座神庙遗址，这是太阳到土星的距离。再走1845个"单位"，就到了月亮金字塔的中心，这刚好是天王星的轨道数据。假如再把"黄泉大道"的直线延长，就到了塞罗戈多山上的两处遗址。其距离分别为2880个和3780个"单位"，刚好是冥王星和海王星轨道的距离。

"黄泉大道"很明显是根据太阳系模型建造的，特奥蒂瓦坎的设计者们肯定早已了解整个太阳系的行星运行的情况，并了解了太阳和各个行星之间的轨道数据。但是，人类在1781年才发现天王星，1845年才发现海王星，1930年才发现冥王星。那么在混沌初开的史前时代，又是哪一只看不见的手，给建筑特奥蒂瓦坎的人们指点出了这一切呢？

地温异常地带之谜

辽宁省东部山区桓仁县境内有被人们称为"地温异常带"的地方。这条"地温异常带"一头开始于浑江左岸满族镇政府驻地南1500米处的船营沟里，另一端结束于浑江右岸宽甸县境内的牛蹄山麓。整个"地温异常带"长约15千米，面积约10.6万平方米。

夏天到来时，"地温异常带"的地下温度开始逐渐下降。在气温高达30℃的盛夏，这里地下1米深处，温度竟为零下12℃，达到了滴水成冰的程度。

入秋后，这里的气温开始逐渐上升。在隆冬降临、朔风凛冽的时候，"地温异常带"却是热气腾腾。人们在任家山后的山冈可以看到，虽然大地已经封冻，但是种在这里的角瓜却依然是蔓叶壮肥，周围的小草也还是绿色的。

此外，河南林县石板岩乡西北部的太行山半腰也有一个海拔1500米叫"冰冰背"的地方。在这里，阳春三月开始结冰，冰期长达5个月；寒冬腊月，却又热浪滚滚，从乱石下溢出的泉水温暖宜人，小溪两岸奇花异草，鲜艳嫩绿。

诡秘幽灵岛

1707年英国船长朱利叶斯在斯匹次卑尔根群岛以北的地平线上，发现了一块始终无法接近的陆地。然而值得肯定的是，这块陆地不是光学错觉，于是他便将"陆地"标在海图上。200年后，乘"叶尔玛克"号破冰船到北极考察的海军上将玛卡洛夫与他的考察队员们再次发现了一片陆地。航海家沃尔斯列依在1925年经过该地区时，也发现过这个岛屿的轮廓。但科学家们在1928年前去考察时，在此地区却没有发现任何岛屿。

一艘意大利船在1831年7月10日途经西西里岛附近时，船长突然发现在东经12°42′15″、北纬37°1′30″的海面上海水沸腾起来，一股直径大约200米、高20多米的水柱喷涌而出，水柱刹那间变成了一团500多米高的烟柱，并在整个海面上扩散开来。船长及船员们从未见过如此景观，被惊得目瞪口呆。当这只船在8天以后返航时，发现一个冒烟的小岛竟出现在眼前。

许多红褐色的多孔浮石和大量的死鱼漂浮在四周的海水中，一座小岛在浓烟和沸水中诞生了。而且在随后10多天里不断地伸展扩张，周长扩展到4.8千米，高度也由原来的4米长到了60多米。由于这个小岛诞生在突尼斯海峡里，这里航运繁忙，地理位置重要，因此马上引起了各国的注意，大量的科学家前往考察。但奇怪的事情发生了，正当人们忙于绘制海图、测量、命名并多方确定其民用、军事价值时，小岛却突然开始缩小。到9月29日，在小岛生成后一个多月，它已经缩小了87.5%；又过了两个月，海面上已无法再找到小岛的踪迹，该岛已完全消失。

地球上的无底洞之谜

地球上到底有没有无底洞呢？实际上，地球上还真的有这么一个"无底洞"。

这个无底洞在希腊亚各斯古城的海滨。它靠着大海，每当海水涨潮的时候，汹涌的海水就会排山倒海一样"哗哗哗"地朝着洞里边流去，形成了一股特别湍急的急流。

人们推测，每天流进这个无底洞的海水足足有30000多吨。可令人感到奇怪的是，这么多的海水"哗哗哗"地往洞里边流，却一直没有把它灌满。所以，人们曾经怀疑，这个无底洞会不会就像石灰岩地区的漏斗、竖井、落水洞一类的地形呀？那样的地形，不管有多少水都不能把它们灌满。不过，这类地形的漏斗、竖井、落水洞都会有一个出口的，那些水会顺着出口流出去。可是，希腊亚各斯古城海滨的这个无底洞，人们寻找了好多地方，做了各种各样的努力，却一直没有找到它的出口。

1958年，美国地理学会曾经派出一个考察队，来到希腊亚各斯古城海滨，想揭开这个无底洞的秘密。

考察队员们采用的是这么一种办法：他们先把一种经久不变的深色染料放在海水里边，然后看着这种染料是怎么随着海水一块儿流进无底洞里边去。接着，考察队员们赶紧分头去观察附近的海面和岛上的各条河流、湖泊，看看有没有被这种染料染出颜色的海水。可是，考察队员们费尽了力气，察看了所有的地方都没有发现被染料染了颜色的海水。

奇怪，这是怎么回事呢？难道说是海水的量太大，把有颜色的海水稀释得太淡了，让人们根本看不出来吗？

考察队员们只好回去了。可是，他们一直没有甘心。过了几年以后，他们研究制造出来一种浅玫瑰色的塑料粒子。这种塑料粒子比海水稍微轻一些，能够漂浮在水面上不沉底，也不会被海水溶解了。

这一天，考察队员们又来到希腊亚各斯古城海滨的那个无底洞。他们把130千克的塑料粒子都倒进了海水里。工夫不大，这些塑料粒子就顺着海水流进了无底洞。考察队员们心想："现在，哪怕只有一粒塑料粒子在别的地方冒出来，我们就可以找到'无底洞'的出口了，就可以揭开这个'无底洞'的秘密了。"

但是，结果又怎么样呢？考察队员们发动了好多人，在各地水域里整整寻找了1年多的时间，一颗塑料粒子也没有找到。

那么，这么多的海水流进无底洞，最后究竟流到什么地方去了呢？

这个无底洞的洞口究竟在什么地方呢，一直到现在，它还是一个谜。

赤道巨足之谜

基多是赤道之国厄瓜多尔的首都，也是世界上距离赤道最近的首都。赤道线从基多城北22千米的加拉加利镇贯穿经过。厄瓜多尔在历史上是印加帝国的一部分，古代印加人很早就知道把地球一分为二的赤道线，他们管它叫"太阳之路"，把基多称作"地球中心"。印加人在加拉加利镇上建造了一座圆形无顶的太阳观察台，在旁边筑起了太阳神庙。但是，这里有一个人们平时难以看到的奇特景观：赤道巨足。火山喷发后，炽热的白色熔岩凝结、硬化成岩石，岩石恰如一只烧铸而成的巨足，不偏不倚恰好踩在地球的平分线上。但是这种奇特现象只有在高空中才能俯视到，人在地面上由于地球呈球形，地形呈倾斜状态，无法看到。

那么，上述奇观是怎么出现的呢？一种观点认为那里地处赤道，地壳活动频繁，完全有可能是在哪一次火山爆发后喷出的岩浆，在硬化过程中凑巧形成了这一奇异形状，也就是说这是大自然的杰作；一种看法是花岗岩石经过长年累月风化、侵蚀，从而造成了现在这一奇特的地貌；还有一部分人认为是古代印第安人在已有的自然形状上再创造，加工、雕刻成目前的模样，目的是为了作出标记，让人们知道这里就是地球的平分线。他们的理由是，早在好多世纪以前，基多就已经成为古代印加帝国的政治、宗教中心，印加人自古就崇拜太阳神，自诩是太阳的子孙。居住在基多附近的土著居民，即印加人的一支——鲁伦班巴人，在当时就已掌握较高的天文、数学、建筑艺术知识与技术，几乎准确无误地把太阳神庙建造在地球的平分线上。因此，认为巨足是古代印第安人在大自然恩赐的石块上艺术再创造的结果，也是不无可能的。

那么，究竟是何种原因造成了赤道巨足，这点目前还无法确定，只有等待后人的进一步研究了。

会"唱歌"的西奈沙漠之谜

现时科学家正在竭力解答一个难解之谜——鸣沙现象。声音响亮的鸣沙在世界各地许多沙滩及沙漠上都有。人在鸣沙上行走,脚会深陷沙中,因为沙粒很松散。沙粒数以百万计,表面非常光滑。造成一阵连续的振动,发出悠长的声音,好像音乐。

鸣沙的现象,也可以解释西奈半岛某处埋有一所寺院的古老传说。相传有一所寺院被庞大的沙丘掩埋,但寺院的群钟依旧发出悠长的音调。途经沙漠的游牧民族及其他旅客,有时会听见这种钟声。据说旅客所骑的骆驼,来到这座神秘山丘,听见地下发出的音乐就会吃惊。起初,声音有如竖琴弦线被微风吹动时发出的一样。但在沙层下泻速度增加,移动加剧后,发出的声音就比较像一根湿手指在玻璃上擦划所产生的声音。崩泻的沙层到达山脚时,回响有如远处的雷声,使游客所坐的岩石也震动起来。

约200年前,许多欧洲人到西奈山朝圣后,似乎都证实他们曾在沙漠某处,听见悠长稳定的钟声。这种声音好像是阿拉伯僧侣拿来作钟用的悬吊金属棒被不断急促敲击一样。但听见声音的地方却杳无人烟。

1940年，英国物理学家巴格诺尔德调查鸣沙的现象，这是第一次有人用真正科学的方法研究鸣沙。巴格诺尔德发现，鸣沙通常在两种普遍的地点发生——海岸上及沙漠沙丘和沙滩的滑落面（或背风坡）上。只要在上层的干沙上迅速扰动，譬如在沙上走动、用手掌扫过或用一根棒垂直插进去等动作，都能发出声音。

他发现用上述方法去扰动沙漠上的沙，所发出的声音频率较低。但是沙漠的沙在向下崩泻时，表面速度足以使它发出清晰可闻的嗡嗡声，甚至更高的音调，这要视崩泻的速度而定。南非卡拉哈里沙漠的沙移到比勒陀利亚后，因为没有沙漠环境，就会丧失它的发声特性，除非在实验之前，能把沙贮藏在密封的容器内。把沙加热到200℃，也可以恢复其发声的特性。由此可见，温度和湿度的改变可能影响一些沙漠上的沙粒失声。

最近，几位科学家们发现沙粒的圆度，并非鸣沙的主要特点。但沙粒的大小划一，反而最重要，可使沙堆产生发声的特性。此外，如有尘埃，鸣沙发声就会减弱，有时甚至完全发不出声。沙粒经过琢磨，未受其他物质污染，而且全部大小相近，就会发出鸣声。如果不断加以捣碎，这类小沙粒就丧失"鸣叫"的特性，但用筛分、冲洗或煮沸等方法把幼细的碎屑除去，即能恢复其特性。

鸣沙究竟为什么会具有发声的特性呢？科学家们说，如要产生任何声音，两层或多层沙之间必须有切力运动。如果沙层单薄而又无边限；只有斜敲，才能发出声音。在实验室里进行试验，从上而下敲击证明是产生切力运动的简便方法，但砂堆必须限于容器里面才能见效。不过，这种现象究竟怎样发生，依旧是个谜。

阿苏伊尔幽谷之谜

阿尔及利亚的朱尔朱拉山是一个风景秀丽的游览胜地，那漫山遍野的鲜花、灌木、雪松、橡树和山樱桃等植物，以它们各自的独特风采吸引了一批又一批的游人前来欣赏这俏丽多姿的山色；那一个个岩洞和一个个峡谷，以它们各自的神秘和深邃吸引了勇敢的探险者前来探寻这大自然的奥秘。

在朱尔朱拉山的峡谷当中，有一个十分著名的峡谷，名字叫"阿苏伊幽谷"，是非洲最深的一个大峡谷。可是，阿苏伊幽谷到底有多深，人们从来就没有探查清楚。那谷底到底是什么样，就更没有办法知道了。

1947年，阿尔及利亚及一些其他国家的专家组成了一支联合探险队，来到阿苏伊幽谷，准备探明它到底多深。他们挑选了一个身强力壮、又有丰富经验的探险队员，第一个去尝试一下。这个探险队员系好保险绳，朝着幽谷下边看了一眼，就顺着陡峭的山崖一步一步地滑了下去。上面的探险队员们紧紧地抓着保险绳，保护着他的安全。保险绳上拴着深度的标记。

这个探险队员一步一步地往下滑动着，时间一分一分地过去了，保险绳上的标记也在100米、300米、500米地往下移动着。这时候，这个探险队员还在一步步地向着谷底摸索着。等到他下到505米的时候，还是没有看见谷底。忽然这个探险队员觉得身体越来越有点儿不舒服，心想：这要是再往下走，恐怕就会发生危险呀。没有办法，只好上去吧。于是，这个探险队员拉了拉保险绳，上边的探险队员赶紧把他拉了上来。

就这样。这次探险活动也就结束了。人们对阿苏伊幽谷的秘密还是一无所知。

1982年，阿苏伊幽谷又来了一支考察队，他们决心一定下到超过505米的那个深度。只见一个队员系好保险绳，慢慢地朝着谷底滑了下去。当他下到810米深的时候，说什么也不敢再往下走了，只好爬了上来。这时候，一个经常跟山洞打交道的队员已经系好保险绳。他十分镇静地朝着谷底看了看，然后就一米一米地滑了下去。

山顶上的人们睁大眼睛死死地盯着保险绳上的标志：800米、810

米、820米，只见保险绳又往下滑动了1米。哎呀，这个洞穴专家已经下到阿苏伊幽谷821米的深度了。但是。山顶上的人们也不由得为这个洞穴专家捏了一把汗：现在，他的情况怎么样呀？他还能不能再往下走呀？大家真想看一看这个洞穴专家现在正在干些什么，可那幽谷深得什么也看不见，只能静静地等待吧！

再说那个洞穴专家，沿着刀削斧凿般的峭壁一步一步下到821米深度的时候，深深地吸了一口气，稍微休息了一会儿，抓紧保险绳，准备再接着往下滑动。没想到这个洞穴专家突然出现了一种莫名其妙的恐惧。连朝谷底深处看一眼的勇气也没有了。就这样，他只好摇了摇保险绳一步一步地返回了。

这么一来，821米这个深度就成了阿苏伊幽谷探险家们所创造下的最高纪录了。至于阿苏伊幽谷究竟有多深，那神秘的谷底到底有些什么东西，一直到现在也没能解开这个谜。不过，阿苏伊幽谷，还在继续吸引着探险家们，不知道将来哪个探险家能够最后揭开这个谜底！

人们对朱尔朱拉山阿苏伊幽谷的这些谜团还没解开，山上的一些奇异现象又为朱尔朱拉山蒙上了一层神秘的色彩。

原来，人们发现：在朱尔朱拉山，每当雨季来临之际，当倾盆大雨汇集成大水流，沿着地面冲出去几十米以后，就会奇怪地消失在山谷里面，然后在千米之下的地方再重新流淌出来。当地的人们利用水流的这个特点，在山谷涌出的急流上建起了一座小型的发电站。

那么，朱尔朱拉山水流的这种奇怪的现象，到底是怎么回事呢？许多科学家非常想解开这个谜团。他们纷纷来到这里，考察、研究了一年又一年。最后，他们提出了各自的见解。阿尔及利亚有一个名叫谢巴布·穆罕默德的洞穴专家，曾经多次探索和研究了这种奇异的现象。他认为，这种现象只能说明在朱尔朱拉山的深处有一个巨大的水潭，而当雨水沿着峡谷流入这个水潭里面汇集到一块儿的时候，就会急速地奔流出来。这样，就形成了山下的急流。

不过，许多科学家都不同意谢巴布·穆罕默德的这种看法。他们认为：如果流出几十米远的水都可以流到千米外的那个深水潭，那么整个朱尔朱拉山简直就是一座千疮百孔的漏斗山了。如果真的是那样的话，人们就应该能够看到那许许多多一直通往山底的峡谷。

这些解释听起来都有一定的道理，可是科学家们各说各的道理，很难有一个统一的结论，而只有事实才能够真正地证实谁的看法是正确的。看起来，人们如果想要揭开朱尔朱拉山的这些谜团，只能靠进一步地考察了。当地政府也正在组织专家们继续进行勘察探索，找到那个想象中的积水潭，探明阿苏伊幽谷的真实面目，揭开朱尔朱拉山神秘的面纱。

动物篇
DONG WU PIAN

哺乳类动物的角分哪几种

角是哺乳动物头部表皮及真皮特化的产物。表皮产生角质角，如牛、羊的角质鞘及犀的表皮角，真皮形成骨质角，如鹿角。哺乳类的角可分为洞角、实角、叉角羚角、长颈鹿角、表皮角等5种类型。

洞角，由骨心和角质鞘组成，角质鞘即习称之为角，成双着生于额骨上，终生不更换，有不断增长的趋势。洞角为牛科动物所特有。

实角，为分叉的骨质角，无角鞘。新生角在骨心上有嫩皮，通称为茸角，如鹿茸。角长成后，茸皮逐渐老化、脱落，最后仅保留分叉的骨质角，如鹿角。鹿角每年周期性脱落和重新生长，这是鹿科动物的特征。除少数两性具角如驯鹿，或不具角如麝、獐之外，一般仅雄性具角。

叉角羚角，是介于洞角与实角之间的一种角型。骨心不分叉而角鞘具小叉，分叉的角鞘上有融合的毛，毛状角鞘在每年生殖期后脱换，骨心不脱落。这种角型为雄性叉角羚所特有，而雌性叉角羚仅有短小的角心而无角鞘。

长颈鹿角，由皮肤和骨所构成，骨心上的皮肤与身体其他部分的皮肤几乎没有差别。

表皮角，完全由表皮角质层的毛状角质纤维所组成，无骨质成分，为犀科所特有。角的着生位置特殊，在鼻骨正中，双角种类的两角呈前后排列，前角生于鼻部，后角生长在额部。

哺乳动物在繁衍生产上的优势

哺乳动物在繁衍生产上的优势在于，母乳为后代提供了养分充足且易于消化的天然优质婴幼食品，从而有效地保证后代有较高的成活率，而无效的繁殖数量也随之相应降低，初生的幼小生命不再会因自然灾害和恶劣的气候环境而缺吃少喝，母亲体内的脂肪足以维持小型"乳汁厂"的开工投产。动物的乳汁含有蛋白质、脂肪、乳糖、钙、碳酸氢钠、镁、氯、钾和多种矿物质，还含有维生素和激素。其中海豹和灰鲸的乳汁最富有营养，其脂肪含量高达53%以上，因而一头小鲸每天竟能靠乳汁增重100千克。野兔每周仅给小兔喂两三次奶就足够了，原因是它们的乳汁中含有25%的脂肪。

同吃同住的家庭生活模式，使幼小的哺乳动物获得了更多的生存机会。"适者生存"的自然法则更加速物种的进化速度。哺乳动物在家庭生活的圈子里不仅养育和护卫自己的后代，更注重培养后代的觅食和自身的防卫御敌能力。食物结构的改善促进了大脑的发展，从而使哺乳动物能够将智能和经验代代相传，长久受益。

水下哺乳动物的呼吸方式

水生哺乳动物能长时间在水下活动而又不至于缺氧。它们是如何解决呼吸问题的呢？通常情况下，血红蛋白作为一种血液与氧结合的特殊物质具有两种特性：在血液流经肺部时，能及时高效地与氧结合，即每毫升血液可结合0.2毫升氧，约占血量的20%；能及时释放所结合的氧，使肌体组织及时受益。肌肉的需氧量较大时，在收缩过程中使血管受阻，无法从血液中获得宝贵的氧，因而大自然又选择一种肌红蛋白来为肌肉供氧。肌红蛋白类似于血红蛋白，但它捕获和保存氧的能力更强一些，只有在外界环境中非常缺氧的情况下才释放氧。温血动物心肌中的肌红蛋白含量为0.5%，可使每克心肌获取两毫升的储存氧，这足以保障心肌的正常需求。

在水生哺乳动物至关重要的肌肉里，肌红蛋白的含量很高，它们的大储量氧库就构建在那些肌肉里。抹香鲸能在水下潜泳30～50分钟而丝毫不感到困难，鳄鱼则可在水里逗留0.5～2小时，这正是肌红蛋白发挥储氧供氧机能的奥妙所在。

陆地上体形最大的哺乳动物——非洲象

非洲象是陆地上体形最大的哺乳动物。雄性和雌性非洲象呈二态性（雌雄两性在体形或身体特征上都有所不同）。雄性肩高约3米，重5000～6000千克，而雌性肩高约2.5米，重3000～3500千克。非洲象平均寿命60～70岁。

它们厚厚的灰色或棕灰色的皮肤上长有刚毛和敏感的毛发。为了保护皮肤不受阳光灼晒或蚊虫叮咬，非洲象经常在泥中打滚，或用它们的鼻子在身体上喷洒泥浆。非洲象的背上还有一道凹进去的曲线。雌性和雄性非洲象都长有象牙，非洲象的象牙一生都在生长，所以年岁越大象牙越大。非洲象使用象牙采集食物、搬运、作为攻击武器。

和亚洲象一样，非洲象也用它们的鼻子来闻、吃、交流、控制物体、洗澡和喝水（它们并不直接通过鼻子喝水，而是用鼻子吸水再喷入口中）。非洲象鼻子的前端有两个像手指一样的突出物（亚洲象只有一个）来帮助它们控制物体。

非洲象群家族母象的孕期大约为22个月（哺乳动物中最长的），每隔4～9年产下一仔（双胞胎极为罕见）。幼象出生时重79～113千克，大约到3岁时才断奶，但会同母象一同生活8～10年。头象和雌象一直生活在一起。有血缘关系的象群关系比较密切，有时会聚集到一起形成200头以上的大型群落，但是这只是暂时性的。

　　雄性非洲象独居或形成3～5头的小型象群，同雌性象群一样，雄性象群的阶级结构也很复杂。在雄象的活跃期，睾丸激素水平上升，攻击性加强。这时眼部分泌物增多，腿上会有尿液滴下。

　　大象的嗅觉和听觉都很灵敏。最近研究表示大象使用次声波进行远距离交流。它们的食物主要包括草、草根、树芽、灌木、树皮、水果和蔬菜等。它们每天要喝30～50加仑的水。

陆地上奔跑最快的动物——猎豹

　　猎豹又称印度豹，是猫科动物的一种，也是猎豹属下唯一的物种，现在主要分布在非洲与西亚。

　　猎豹的外形和其他多数的猫科动物不怎么相像。它们的头比较小，鼻子两边各有一条明显的黑色条纹从眼角处一直延伸到嘴边，如同两条泪痕，这两条黑纹有利于吸收阳光，从而使视野更加开阔。它们的身材修长，体形精瘦，身长140～220厘米，高度75～85厘米。它们的四肢也很长，还有一条长尾巴。猎豹的毛发呈浅金色，上面点缀着黑色的实心圆形斑点，背上还长有一条像鬃毛一样的毛发。猎豹的爪子有些类似狗爪，因为它们不能像其他猫科动物一样把爪子完全收回肉垫里，而是只能收回一半。

猎豹栖息于有丛林或疏林的干燥地区，平时独居，仅在交配季节成对，也有由母豹带领4～5只幼豹的群体。猎豹的生活比较有规律，通常是日出而作，日落而息。一般是早晨5点钟前后开始外出觅食，它行走的时候比较警觉，不时停下来东张西望，看看有没有可以捕食的猎物，另外也防止其他的猛兽捕食它。它一般是午间休息，午睡的时候，每隔6分钟就要起来查看一下，看看周围有什么危险。一般来说，猎豹每一次只捕杀一只猎物，每一天行走的距离大概5千米、最多走10多千米。

虽然它善跑，但是它行走的距离并不远。

猎豹以羚羊等中小型动物为食。除以高速追击的方式进行捕食外，也采取伏击方法，隐匿在草丛或灌木丛中，待猎物接近时突然窜出猎取。母豹1胎产2~5仔。其平均寿命约15年。

猎豹是陆地上跑的最快的动物，时速可达115千米，而且加速度也非常惊人。据测，一只成年猎豹能在4秒之内达到每小时100千米的速度。不过，它耐力欠佳，无法长时间追逐猎物，如果猎豹不能在短距离内捕捉到猎物，它就会放弃，等待下一次出击。

为了速度，猎豹渐渐进化的身材修长，腰部很细，爪子也无法像其他猫科动物那样随意伸缩，在力量方面也不及其他大型猎食动物，因此无法和其他大型猎食动物如狮子、鬣狗等对抗，虽然捕猎成功率能达到50%以上，但辛苦捕来的猎物经常被更强的掠食者抢走，因此猎豹会加快进食速度，或者把食物带到树上。

称霸北极的猛兽——北极熊

北极熊是北极沿海浮冰及烈风吹袭的海岸上最大、最凶猛的食肉动物。在陆地上，平常没有动物敢攻击它。除雄海象或集结成群的麝牛外，北极熊简直无所畏惧。

北极熊通常都居于陆地附近，但在冰封的北极海大半地方也会有它们的足迹，它们还会随着浮冰漂流出海。夏季，北极熊常在沿岸各地，很少深入内陆30千米以外。

成年的雄北极熊平均约重450千克，动作极为敏捷，能跃过冰上4米宽的裂缝。这样重量的雄北极熊，体长两米多，后腿站立时，能平视大象。

探险家和捕鲸的人讲述许多有关北极熊猎食动物的技巧，其中有一些无疑言过其实。例如，用两只前爪捧着大冰块击破海象的头部；潜近猎物的时候，用雪把黑鼻子盖起来；以后腿站立，向海豹投掷大冰块，先把海豹击昏才从容猎食等，这些说法都非事实。一般人都认为北极熊是迟钝笨拙的动物，但是有人见过它在陆地上追到飞奔的鹿的前面。

北极熊蛮力很大，能把91千克重的嗜冰海豹从冰上通气洞猛力拖出来，连海豹的骨盆也撞碎。

北极熊猎取伏在浮冰上晒太阳的海豹时，早在进入海豹视力所及范围之前，就像一只大猫似的平伏冰面，以肋部或腹部匍匐前进，尽量掩护身形，从冰面滑入水中，再游上浮冰。然后突然扑击，这时海豹已来不及跳水逃走。海豹在水中的速度和耐力，远胜北极熊。目击者说曾见大群嗜冰海豹在水中围攻北极熊，甚至咬伤北极熊后腿。由此可知，海豹在水中显占上风。

北极熊基本上是独自猎食，但在幼熊能自行猎食之前，雌熊和幼熊集群出猎。交配期过后，雄熊便离开雌熊。在短短数天的交配期内，雄熊时常猛烈相斗，但在其他时间，除非遇到难得的肉食，例如受冰块困住而窒息致死的白鲸或独角鲸等，几只雄熊和几群雌熊及幼熊才聚在一起，大家相安无事地大快朵颐，否则彼此互不理睬。北极冬季期间，那些不在洞穴藏身的北极熊饥不择食。鸟卵、海草、碎木片，甚至同类的死尸等，什么都吃。夏季，北极熊到岸上换毛时，也是亲食性的，口味与同科动物棕熊相同，吃野草、地衣和越橘。北极熊也捕食旅鼠等小动物。在阿拉斯加，鲑鱼逆流而上的季节，北极熊便到小水潭和窄水道去捕食鲑鱼。

北极熊虽于4月间交配，但9月始着胎，产期为严冬。在自挖的雪洞内生产。初生幼熊长不及30厘米，重不足1000克，整个冬季与母熊同住在雪洞内。母熊授乳期长达20周，母乳是幼熊在这段期间的唯一食料。3个月后幼熊约重10千克，但母熊则因哺乳期内禁食，原来的317千克体重，可能减轻一半。到天气回暖时，幼熊已长大，可以走出雪洞。

出生后几个月内，幼熊在10厘米厚的皮下脂肪层上面长出浓密的绒毛和粗厚的保护毛。

3、4月间，母熊走出雪洞，开始捕食。最初的食物或许是冻腐肉。春天通常是食物丰收的季节，有大量幼海豹，特别是积雪下面洞穴里出生的嗜冰海豹。北极熊凭嗅觉寻觅海豹。袭击时必须迅速，因为海豹可钻入水中的冰洞。北极熊如能一掌击坍冰洞穴顶，便可一举双得海豹母子。

幼熊这时首次尝到固体食物，不过仍要继续由母熊哺乳，度过第二个冬季。雌熊通常每三年生育一次；如果失掉幼熊，便提前交配。幼熊在冰雪覆盖的斜坡嬉戏、滑冰，学习求生之术，还模仿母熊游泳和潜猎。母熊与幼熊玩滑坡游戏，一连玩上几个钟头，甚至有人见到年龄较大的老熊也沿浮冰斜坡滑下，然后爬上去再滑。

北极熊母子在第二个夏季分离，母熊离开半长成的幼熊，让它独立生活。这段时间，幼熊最易为猎人捕杀，冬季来临，也极易在酷寒中丧生。

昆虫惊人的飞行能力

昆虫为了生存和繁衍后代，其迁移飞行能力是十分惊人的，如每年在南方越冬后孵化的黏虫，可以成群飞越大海，到1488千米外的北方去觅食；小地老虎能飞行1328～1818千米；稻纵卷叶螟能飞行700～1300千米；褐飞虱能飞行200～600千米；白背飞虱能飞行300多千米；蜜蜂也是健飞的昆虫，能持续飞行10～20千米。蜻蜓和某些天蛾、螽斯也能够持续飞行数百千米而不着陆。迁移最远的昆虫是苎麻赤蛱蝶，从北非到冰岛，有6436千米之遥。

昆虫的飞行速度也是相当可观的。一般翅型狭长、转动幅度较大的种类飞行较快。昆虫的飞行速度主要取决于振翅频率。昆虫高频率的振翅，着实令人难以想象，如蜜蜂可达每秒180～203次，频率最高的摇蚊可达每秒1000次左右，就连频率较低的凤蝶也有每秒5～9次，是其他动物望尘莫及的。昆虫飞行时速差别较大，飞行较慢的家蝇，仅为8千米；蚊虫在缺水的地方为了产卵，也可飞几千米；蝶类和蜂类约为20千米；蜻蜓、牛虻可达40多千米。飞行最快的是天蛾，最高时速可达53.6千米。

昆虫的群飞也是它们的一大绝技，无论池塘岸边的蚊群、蜉蝣的群飞，还是令人恐惧的蛰蜂群袭来；无论是蜻蜓空中优美的群舞，还是蝗群铺天盖地的蔽日阴霾，都各有特色。例如，蜻蜓的群飞往往少则三五成群，多则成千上万地群集飞翔，上下起伏、快慢有别、错落有致、你追我赶，甚至会空中翻转，十分壮观。它们能以每秒30～50次的振翅速度，每小时10～20千米的高速飞行，有时可飞行数百千米。昆虫群飞个体数量最多的可能要数飞蝗了，例如非洲的沙漠蝗群飞时，飞行面积可覆盖500～1200公顷，个体数高达7～20亿，实在令人赞叹不已。

昆虫的冬眠与复苏

昆虫是一种变温动物，它们的体温和活动状态随外界的气温变化而变化。冬季到来，昆虫们便施展各种本领，以度过寒风凛冽的冬天。

各种昆虫过冬的虫态是不相同的。蝗虫、稻飞虱等是以卵越冬的。蝗虫在产越冬卵前，先找到田埂、路边等比较坚硬的地方，然后用腹部末端的产卵器在地上打一个小洞，再把卵产在洞里。同时，蝗虫还排出胶液，把卵包严，以利越冬。

玉米螟、天牛等是以幼虫越冬的。玉米螟幼虫钻入玉米、高粱、谷子等秸秆内越冬。在树干里挖"隧道"的天牛，它的幼虫则在树干里过冬。

以成虫的方式越冬的昆虫比较多，主要是体形很小的种类。例如有些蚜虫常在土丘向阳背风坡的刺儿菜、蒲公英等菊科植物幼芽上过冬。

蚊子、苍蝇等昆虫，则是以多虫态越过冬天的。就拿蚊子来说吧，有的蚊子体内贮存丰富的脂肪，静静地趴在菜窖、室内角落、草堆、树洞的阴暗温暖的地里过冬；也有的是以孑孓和卵过冬的。

凡以成虫、幼虫越冬的昆虫，冬季一来，就贪得无厌地取食，总是把肚子吃得饱饱的，尽力在体内多贮存些营养物质，以备漫长的冬季消耗。从虫体本身看，冬季来临，也要发生一系列生理变化。如体内脂肪、糖类等营养物质积累显著提高，水分含量大大下降，呼吸缓慢，新陈代谢降低。这些生理变化都有助于减少体内消耗，不致在低温下被冻成冰，因此虽然经过四五个月的冬天，也不会把它们冻死。

但当我们调查昆虫越冬死亡情况时，又往往在越冬场地发现大量昆虫尸体，这又是怎么回事呢？这并不是在严寒的冬天冻死的，而是在早春复苏时遇到突然低温或因找不到食物而死亡的。因为经过漫长的冬季，昆虫体内积累的营养物质基本被消耗掉，这时它们抵御低温的能力相当差，急需补充营养。

昆虫孤雌生殖的奥秘

绝大多数昆虫进行的是两性生殖。雌雄个体经过有趣的求偶行为后交尾。雄性个体产生的精子与雌性个体产生的卵细胞在雌虫体内完成受精作用，然后雌虫产卵，由受精卵发育出新个体。而有的昆虫，生殖方式却很特别。

蜜蜂是我们常见的社会性昆虫。蜂后新婚交尾后回到蜂巢，它产的卵中有的是受精卵，有的却不是。受精卵发育成职蜂，即工蜂；而没受精的卵发育成雄蜂。这种雌虫产生的卵可不经和精子融合而直接发育成新个体的生殖方式，叫孤雌生殖。雄蜂就是孤雌生殖的产物。

蚜虫的生殖方式更为复杂。夏季气候适宜时，棉蚜喜欢在夏枯草或苦荬菜这类植物上生活，此时它进行孤雌生殖，奇特的是它生下来的不是卵，而是一只只无翅的小蚜虫，而且全是雌性的。大家都知道，昆虫一般都产卵，卵孵化的过程是体外完成的。蚜虫卵却是在母体中已发育成幼虫，所以生下来的是小蚜虫，我们把这种现象叫卵胎生。不过卵胎生和真正的胎生是完全不一样的，因为卵发育时的营养物质不是由母体提供，而只是来自卵黄。通过卵胎生繁殖四五代后，棉蚜产生很多有翅的雌蚜虫，飞到棉花植株上，开始危害棉梢，此时继续以卵胎生和孤雌生殖的方式不断产生无翅雌蚜。入秋天气变凉，它又回到夏枯草上，产有翅的雌蚜和雄蚜，交尾后，通过正常的两性生殖方式产下受精卵，并以此越冬，来年春天又开始它复杂的一生。

昆虫的光信号语言

身体渺小的昆虫能巧妙地利用闪光（灯语）进行通信联络。萤火虫是这种通信方式的代表。夏日黄昏，山涧草丛，灌木林间，常见有一盏盏悬挂在空中的小灯，像是与繁星争露，又像是对对情侣提灯夜游。如果你用小网把"小灯"罩住，便会看到它是一种身披硬壳的小甲虫。由于它的腹部末端能发出点点荧光，人们给它起了个形象的名字——萤火虫。

萤火虫在昆虫大家族中属于鞘翅目，萤科。它们的远房或近亲约有2000种。萤火虫是一种神奇而又美丽的昆虫。修长略扁的身体上带有蓝绿色光泽，头上一对带有小齿的触角分为11个小节。3对纤细、善于爬行的足。雄的翅鞘发达，后翅像把扇面，平时折叠在前翅下，只有飞时才伸展开；雌的翅短或无翅。萤火虫的一生，经过卵、幼虫、蛹、成虫4个完全不同的虫态，属完全变态类昆虫。

　　萤火虫为什么会发光呢？原来在它腹部末端的皮肤下面有一层黄色粉末。把这一层切下来放在显微镜下，便可见到数以千计的发光细胞，再下面是反光层，在发光细胞周围密布着小气管和密密麻麻的纤细神经分支。发光细胞中的主要物质是荧光素和荧光酶。当萤火虫开始活动时，呼吸加快，体内吸进大量氧气，氧气通过小气管进入发光细胞，荧光素在细胞内与起着催化剂作用的荧光酶互相作用时，荧光素就会活化，产生生物氧化反应，导致萤火虫的腹下发出碧莹莹的光亮来。又由于萤火虫不同的呼吸节律，便形成时明时暗的"闪光信号"。当你把许多的萤火虫放在一只玻璃瓶里，玻璃瓶就像一只通了电的灯泡，它会发出均匀的光来。

　　不同种类的萤火虫，闪光的节律变化并不完全一样。一种生长在美国的萤火虫，雄虫先有节律地发出闪光来，雌虫见到这种光信号后，才准确地闪光两秒钟，雄虫看到同种的光信号，就靠近它结为情侣。人们曾实验，在雌虫发光结束时，用人工发出两秒钟的闪光，雄虫也会被引诱过来。另有一种萤火虫，雌虫能以准确的时间间隔，发出"亮—灭，亮—

灭"的信号来，雄虫收到用灯语表达的"悄悄话"后，立刻发出"亮—灭，亮—灭"的灯语作为回答。信息一经沟通，它们便飞到一起共度良宵。

有一种萤火虫，雄虫之间为争夺伴侣，要有一场激烈的竞争。它们还能发出模仿雌虫的假信号，把别的雄虫引开，好独占"娇娘"。

萤火虫能用灯语对讲的秘密，最早是由美国佛罗里达大学的动物学家劳德埃博士发现的。他用了整整18年的时间研究萤火虫的发光现象。可见揭开一项前人未知的奥秘并非易事。

除萤火虫外，还有许多昆虫，它们只有在夕阳西下，夜幕降临后才飞行于花间，一面采蜜，一面为植物授粉。漆黑的夜晚，它们能顺利地找到花朵，这也是"闪光语言"的功劳。夜行昆虫在空中飞翔时，由于翅膀的振动，不断与空气摩擦，产生热能，发出紫外光来向花朵"问路"，花朵因紫外光的照射，激起暗淡的"夜光"回波，发出热情的"邀请"；昆虫身上的特殊构造接收到花朵"夜光"的回波，就会顾波飞去，为花传粉作媒，使其结果，传递后代。这样，昆虫的灯语也为大自然的繁荣作出了贡献。因此，夜行昆虫大多有趋光性，"飞蛾扑火"就是这一习性的真实写照。

蝶、蚊起舞奥秘

有一种棕褐色蛱蝶，每个前翅上有两个斑。它们以花蜜为食，在花丛中转来转去。

有时一只雄蝶会落在地上的小土包上，看样子似乎是饱餐之后要消遣一下。其实，那是在耐心地等待雌蝶，它可能要等很久。有时实在耐不住了，便会激动而盲目地追赶身边的小甲虫、苍蝇、小鸟、其他种蝴蝶，甚至落叶，有时还无聊地追赶自己的影子。

如果有只雌蝶在一旁飞过，它会立既追上去。雌蝶也会立即落地，这是雄蝶早就等待的一种特殊信号。假如被雄蝶追赶的飞行物不往地上落，那么雄蝶追一会儿也就不再追了。

雌蝶落地之后，雄蝶便落在雌蝶身旁，合起翅膀，靠得很近。倘若雌蝶还没有发育成熟，不想做母亲，便拍打翅膀告诉雄蝶还为时尚早，雄蝶便又去寻找别的雌蝶。如果雌蝶落在那里不动，雄蝶就用优美的姿势去大献殷勤。

开始，雄蝶站在雌蝶前面不断颤动翅膀，尔后稍稍抬起翅膀，显示翅膀上带黑边的美丽的白斑，翅膀有节奏的一开一合，触觉也随着动来动去。这样表演几秒钟，有时可延续一分钟。然后雄蝶摆出一副极美的姿势：抬起两个前翅，向两旁尽量开展，在雌蝶面前低下头去，仿佛在深鞠躬。再往后是鞠躬的姿势不变，合上翅膀，温存地把雌蝶的触须夹在翅膀中间。蝴蝶亲吻了！这可不是一般的姿势。在雄蝶的翅膀上，芳香腺正好是在夹住雌蝶触须的那个地方。雄蝶拉开翅膀，转过身开始很快地跳起舞，在雌蝶周围转来转去。这种跳舞的时间是在7月末。

夏末和初秋时节，在宁静无风的黄昏，林间空地，花园以及河边的空中，常有一群群蚊子在盘旋飞舞。这是蚊子在"发情"。有些科学家把这些正在舞蹈的蚊子用捕虫网全部逮住，令人惊奇的是，这一群几乎都是雄蚊。这是因为，飞行时每只雄蚊的特殊腺体都散发出一种气味，几千只蚊子集聚在一起，气味也浓几千倍。蚊子上下翻腾舞来舞去，特殊的气味向四面八方散去，这种气味能把各处的母蚊引来。

蚊子，大多是在黄昏风平浪静的水塘附近起舞的，以便到水面上去产卵，使卵在水中更好地发育生长。如遇上暴风骤雨，将导致很多卵不能发育而死去。

喜欢成群活动的蝗虫

蝗虫是群居型的短角蚱蜢，是蝗科，直翅目昆虫，全世界有超过10000种。分布于全世界的热带、温带的草地和沙漠地区。其散居型有蚱蜢、草蜢、草螟、蚂蚱等叫法。蝗虫的起源，以及其某些种（有些可以长达15厘米）的灭绝，至今仍不明了。幼虫能跳跃，成虫可以飞行。大多以植物为食物。不过，蝗虫是蚂蚱的进化，蚂蚱只有褐色和绿色的，蝗虫却是褐色的。

蝗虫数量极多，生命力顽强，能栖息在各种场所。在山区、森林、低洼地区、半干旱区、草原分布最多。大多数是作物的重要害虫。在严重干旱时可能会大量暴发，对自然界和人类形成灾害。

说起蝗虫，人们便会联想到铺天盖地的蝗群。1889年，在红海上空出现了有史以来最大的蝗群，估计有2500亿只，飞行时犹如一大片有生命的乌云，挡住了阳光，使大地一片昏暗。的确，蝗虫不管是在天空中飞翔，或在地面栖息，总是保持着合群性，这是它们的生活习性和环境影响的结果。

蝗虫喜欢成群活动，与它们的产卵习性有很大关系。当雌蝗产卵时，它们对产卵场所有比较严格的选择，一般以土质坚硬，并含有相当湿度，有阳光直接照射的环境最为适宜。在广阔的田野里，能符合这种条件的地区比较少，因此它们往往在一个面积不太大的范围内，大批集中产卵，再加上这小区域里的温湿度差异很小，使卵孵化整齐划一，以致蝗虫的幼虫一开始就形成了互相靠拢、互相跟随的生活习性。

蝗虫所以要成群生活，也与它们生理上的需要有关。它们需要较高的体温，以促进和适应生理机能的活跃。因此，它们必须一方面集群而居，彼此紧密相依，互相拥挤，以维持体内温度，使热量不易散失；另一方面，又要从环境里不断获得热的补充，使体温继续增加，加强生理活动。

既然成群活动的蝗虫，都有这一共同生理特点，所以在它们结队飞行之前，只要有少数先在空中盘旋，很快会被地面上的蝗虫所感应，并群起响应，这样，它们的队伍会迅速地形成，并且数量也越来越大了。蝗虫还具有惊人的飞翔能力，可连续飞行1~3天。蝗虫飞过时，群蝗振翅的声音响得惊人，就像海洋中的暴风呼啸。

苍蝇的味觉感受器在脚上

我们人类的味觉感受器是味蕾，主要分布在舌背，特别是舌尖和舌的周围。

而苍蝇的味觉的感受器在脚上，也就是说，我们人类要尝味道的话，需要把食物放入嘴里，但是苍蝇却用脚沾一沾，就可以尝到味道了。

所以苍蝇停下来的时候，会不断地用脚四处沾沾，尝到味道后，又搓一搓，搓去前足味觉器上的脏东西，目的是为了把味觉感受器清理干净，把旧的味道除去，然后再沾一沾，再尝新的味道。难怪我们看到的苍蝇停下来后，总是走来走去又一边走一边搓脚，没想到它正在四处品味呢！

绿色植物的杀手——黏虫

黏虫是害虫阵营中的一员大将，属鳞翅目夜蛾科。黏虫蛾子像飞蝗一样，能成群结队远距离迁飞，它们飞行速度很快，每小时可飞行40～80千米，并可不停顿地连续飞行七、八个小时，飞行高度约200米。如果这群飞蛾在某个地区停下来产卵的话，那么那个地方黏虫就会大发生。由于黏虫蛾是夜间飞行而白天隐蔽，很不易被人发觉，所以能发现幼虫危害时已经是相当惊人了，人们因此称它们是暴发性的害虫。幼虫把一处庄稼吃光后又成群结队地迁移它处，速度快而又行动一致，就像军队行军一样，所以人们又叫它为"行军虫"。我国各地遭受此虫危害是很严重的。

1970年云南省黏虫大发生，有的地方一个人一早上可捕捉幼虫两三挑。发生数量一亩地多至20多万头，仅宜良一个县捕捉到的幼虫即达270多万吨。人们在田埂上望去，只见黑压压一大片，"嚓嚓"之声令人毛骨悚然。随着栽培制度的改变，黏虫发生显著加重，发生面积不断扩大。1970~1978年全国共有6次大发生，1977年全国黏虫发生面积达1.8亿亩。

多年来，有关的科学研究单位密切协作，通过标记回收，海面捕蛾以及对各地黏虫发生规律的分析研究，基本明确了黏虫的越冬以及远距离季节性地南北往返迁飞危害的规律，为进一步提高预报和防治提供了科学依据。

刺蛾的茧

春天到来了，在北方的榆树枝上，经常可以发现像雀蛋一样的小罐罐，俗称"洋刺罐"。有的时候是一个空罐，顶端有一个圆圆的洞；有的时候密封完好，"小主人"仍然在里面酣睡。它们是刺蛾的茧。刺蛾的蛹封闭在光滑而坚硬的石灰质茧内，有的种类的茧上具花纹，大小、形状似雀蛋。羽化时茧的一端裂开圆盖飞出。一般昆虫作的茧都比较柔软，为什么刺蛾作的茧是个硬壳呢？它的小房子是怎么建造的呢？洋刺子是刺蛾的幼虫，以寄主叶片为食。幼虫经过几次蜕皮长大，发育为老熟幼虫即不再取食，因为它体内积累的营养已足够它过冬、化蛹和变为成虫的消耗了。幼虫首先离开寄主树木的叶片，爬到小枝杈上，选择一个合适的地方，用嘴清理掉枝杈上粗糙的表皮和污物，然后吐出少许丝把自己罩住，并作为将来作茧的骨架，再从肛门排出大量有黏性的灰白色液体，随后它在丝罩内蠕动和旋转，将黏液均匀地涂抹在丝罩上。此时茧仍透明，可见幼虫活动情况。刚作好的薄茧是个半圆形，幼虫身体上的那层棕色表皮色素斑纹，就贴附在薄茧上，将成为"雀蛋"的条纹。随后它又一边吐丝、一边从口器中吐出绿色黏液，用以加固房壁，直到吐完，它才紧缩身体，隐居小房内过冬。原来透明的薄茧，在空气中干燥后，即凝结成不透明的硬壳，并由原来的半圆形变成了椭圆形，到此为止，洋刺子的这所建筑在高高树杈上的独居小别墅就算大功告成了。

万里迁徙的美洲王蝶

每年秋季，成千上万只美洲王蝶不远万里从位于美国和加拿大边境的夏季栖息地来到墨西哥中部米却肯州的蝴蝶谷过冬。它们在近4000千米的迁徙旅途中靠什么辨别目的地的方位呢？美国科学家通过实验发现，精确的生物钟与太阳相互作用，引领王蝶前往越冬地。

很多生物都会根据所处环境太阳光照的周期形成固定的节律，也就是人们所说的生物钟。光照周期出现变化，生物就会对自己的生物钟进行重置或调节以适应。最典型的例子就是跨时区飞行造成的时差现象。对于人类或其他动物来说，生物钟更多具有时间上的意义，但对于美洲王蝶，生物钟则是个微调飞行方向的空间参数。

美洲王蝶的幼虫通常会在早晨日出时钻出蛹壳，研究人员用灯光代替日光长时间照射蝶蛹，结果发现王蝶幼虫的生命节律完全被打乱，它们会选择一天中任意时间钻出来，从而证明王蝶体内存在与日光照射对应的生物钟机制。

接下来的实验是在9月份王蝶南迁前夕进行的。研究人员在实验室内构建了3个光照周期不同的箱子。一个按照当地正常时间照明，即上午7点至下午7点。一个将光照时间提前6小时，即凌晨1点至下午1点；

最后一个箱子持续给光。捕获的王蝶在这3个箱子里生活一周直到适应新的"时差"为止。

实验结果正如研究人员预料，不同"时区"的王蝶早晨放到户外后飞行方向完全不同：正常光照下的王蝶朝墨西哥所在的西南方向飞行；白天被"提前"6小时的王蝶朝东南方向飞行，与正常迁徙方向呈115°角；受持续光照的王蝶则完全丧失了方向感。研究人员认为，尽管生物钟被提前6小时的王蝶仍在上午被放飞，但在它们概念中"上午"成了"下午"，尽管太阳仍在东方，但它们生物钟所指示的太阳方位却在西方，生物钟的改变导致了参照系的改变，从而使王蝶的导航机制失灵。

美国堪萨斯大学昆虫学家奥利·泰勒解释，美洲王蝶体内存在一个与太阳位置精确对应的生物钟，尽管人们知道王蝶可以通过计算自己与太阳的相对位置来辨别方向，但是如果没有生物钟补偿太阳运动所造成的飞行方向误差，太阳便是个不可靠的标志物。换句话说，一只生物钟正常的王蝶要想朝墨西哥所在的西南方向飞行，需要通过生物钟不断调节与太阳的相对位置，这也是为什么生物钟被提前6小时后王蝶不能正确调整飞行方向的原因。

蜻蜓的"运动欺骗术"

慢慢地靠近、捕食,而猎物毫无察觉——这就是运动伪装。尽管听起来不可思议,但科学家们发现,蜻蜓就是靠这种"看不见的动作"来追踪猎物的。

英国《自然》杂志上刊登的澳大利亚大学视觉科学中心的研究小组发表的一篇关于蜻蜓的"运动欺骗术"的文章,蜻蜓飞行时将自己伪装得像个固定的点,使猎物产生错觉而遭捕杀。

研究小组对雄蜻蜓的15种飞行方式研究发现,蜻蜓的伪装主要依靠达到毫米级的位置控制能力和飞行精确度。但至于蜻蜓为何有这么高的飞行技巧,依然是个谜。科学家指出,我们很少会看到蜻蜓相互追逐的情景,因为伪装中的蜻蜓非常警觉,一旦有暴露行踪的可能性,马上就飞得无影无踪。

文章说,一般而言"伪装"意味着静止:变色龙改变颜色而与背景融合,美洲豹依靠斑点掩藏于丛林中,静止中充满杀机。只要猎物的视网膜中的光敏感细胞感应到运动的图像,就会立即进行反应。

蜜蜂判断距离的奥秘

科学家发现,蜜蜂可能无法直接判断距离,而是通过自己飞过了多少景物来估算。如果对这一"导航系统"加以干扰,蜜蜂就会判断失误,并通过舞蹈把错误的距离信息告诉同伴。

美国印第安那州圣母大学的科学家发现蜜蜂是通过"光流"来判断距离的。光流是指观察者的位置发生变化时,周围景物显示出的移动量。景物离观测者越近,其光流就越大,譬如火车上的乘客会感觉路边的树木移动得比远处的山要快。

科学家训练了一些蜜蜂,使它们飞过一条8米长的管道找到食物。由于管壁与蜜蜂的距离比平时觅食过程中的景物近得多,产生的光流也大得多。观察发现,这些飞过管道的蜜蜂返回蜂巢后,传达出的信息是食物大约在72米外，而不是实际的8米，大大夸大了实际距离。其他蜜蜂根据这一信息飞往食物所在方向时，如果不通过管道而是在普通环境中飞行，就会飞出70多米远。

科学家据此得出结论说，蜜蜂并不能直接判断距离远近，而是通过计算在该方向上飞过了多少景物来判断。

鱼类也有个性

大家一般认为，生来乖巧的鱼儿肯定没有什么"个性"。然而，据英国生物学家的最新研究称，不同种类的鲑鱼不仅拥有不同的个性，而且根据各自生活经历的差异，它们的个性也会随之发生变化。

研究人员对实验室中的虹鳟研究发现，无论在对抗中是输是赢，甚至只是看到同伴在遭遇新物体时的危险和坎坷，这经历些都会影响它们的未来行为。也就是说，鱼儿遭遇的成功和失败会改变它们未来行为。由英国利物浦大学教授林恩·斯尼顿领导的研究小组对一些胆怯或勇敢的虹鳟进行了仔细观察，发现它们身上所具有的不同"个性"。

同人类一样，有些鱼儿对遇到新事物或进入新环境充满自信，而与此同时，也有些鱼儿生性沉默寡言，对遭遇新事物充满恐惧。斯尼顿的研究小组专门挑选了一些行为大胆和生性害羞的虹鳟，测试它们的未来行为是否会根据生活经历的不同而有所改变。研究人员在虹鳟中间制造矛盾，引发冲突，观测参与者和旁观者对胜利者和失利者的反应，最终得出了这一结论。

动物个性（研究人员称之为"行为症状"）的概念已存在了一段时间。这一概念旨在解释一些动物的行为为何并不总能与它们所处的环境达到理想的契合点。例如，天生就具有进攻欲望的雄性动物也许可以轻而易举将竞争对手制服，但却从来无法实现同雌性交配的愿望，原因就是它们虽勇猛无比，但笨拙、鲁莽的引诱手段往往会把雌性吓跑。

这项最新研究表明，动物的上述特点并非一成不变，同时也表明动物可以随着环境的变化逐渐改变自身的个性。斯尼顿说："人们的传统观点是，动物的个性始终如一。不过，事实是从来没有人用心观察过它们的个性。"斯尼顿及同事故意让虹鳟同体形大得多或小得多的对手进行竞争，以确定它们在即将上演的大战中输赢归属。那些最终胜出的勇敢虹鳟在随后接触到新奇的食物时同样更为勇猛，而在战场上失利的虹鳟则变得更为谨慎。

斯尼顿认为，胆怯和勇敢行为同诸如应激激素水平等生理因素有关。在争斗中落败的事实也许能促进同压力相关的化学物质（如皮质醇）分泌，这会使鱼儿日后变得更加谨慎。研究人员发现，虹鳟还能够通过观察其他同伴的行为吸取教训。观看胆怯的虹鳟探索神秘物体的大胆虹鳟在随后遭遇新物体时，自己也会变得更为紧张。

鱼类跃出水面的原因

在中国，有海阔凭鱼跃和鲤鱼跳龙门的说法，那为什么鲤鱼要跳出水面呢？为什么鱼类要鱼跃呢？体积庞大的鳐鱼为什么会跳出水面还会伤人呢？这其中的原理并非你想象的那么简单。科学家经过长时间的研究和探索发现：鱼跳跃出水面，有的是为了觅食，有的是为了逃避敌人的追杀，而有的则是为了吸引异性。

有些鱼跳出水面是为了逃避敌人的追杀。一些被追赶到水面上的鱼有时候为了自保，会突然跳跃到水面上，从而迷惑敌人，不让它们知道其去向。或是跳出水面后重新进入水中，从而可以改变逃生路径，避免被捕食者抓住。比如鲻鱼，为了逃避梭鱼或鲈鱼的追赶，它们常常跳出水面；鳐鱼个头够大，但它们是牛鲨和锤头鲨鱼的美食，在危险的时刻它们会跳出水面激起巨大的海浪，迷惑天敌的追捕。

有些鱼跳出水面是为了觅食。比如典型的就是热带肉娃纳鱼和大白鲨等跳出水面是为了捕捉食物。而且它们有不同的跳跃技巧，热带肉娃纳鱼的跳跃能力在全球名列前茅，它在水里先把身体弯曲成S形，然后以最快的速度钻出水面，捕捉昆虫、小型鸟类或哺乳动物，然后饱餐一顿。大白鲨跳出水面也是为了觅食，它们以飞箭一般的速度游向它们的猎物，突然抓住猎物后它们会乘着惯性跃出水面使食物缺氧窒息，但有时它们会跃出水面捕捉水面上的生物如海鸟等。

经过几十年的研究，科学家认为，对于群居类型的鱼类来说，跳出水面更多的原因是为了吸引异性，或向所中意的对象求婚。在鱼类的社会生活中，雄性经常到处嬉闹，表现活跃是吸引异性的一种方式。雄性鱼跳出水面又钻入水中，引起水面一阵波澜也是为了吸引雌性鱼的注意。这种现象在群居类型的鱼类当中非常普遍，科学家认为，这种现象是生物进化的一种标志，人类早期的活动就是在群居中体现个体的差异，这种现象也值得进化史研究方面的专家借鉴。

另外还有其他一些原因，比如鲸鱼、鲨鱼和金枪鱼等，常常被有吸管并携带寄生虫的长脚鱼纠缠，于是它们经常的钻进钻出水中，或突然地跳出水面也是为了冲洗掉这些可恶的长脚鱼。

当然跳出水面对很多鱼类来说不是特别难的事，大部分鱼类都善于跳跃。有的鱼类跳出水面的动作还很熟练呢！有些鱼类甚至能够在水面滑行几百米。经过分析和研究，科学家认为鱼类跳出水面有很大的好

处，除可以更好地适应自然界的变化和生存以外，鱼类的这种本能反应也是对生物进化的一种体现。科学家希望人类不要过多的干预鱼类的"生活"，避免在一些刺激下，鱼类的"跳跃"伤害人类。

鱼类洄游的秘密

首先说说什么叫鱼类的洄游。鱼类在水中运动，大体上可分为两种：一种是没有一定规律的，如临时躲避敌害的袭击，追逐俘获物，或其他偶然性的运动，等等。这类运动有时连续发生，有时则很长时间没有出现，移动的距离或持续时间一般较短，而且没有一定的方向和周期性，因而被称为"不定向移动"。另一种则相反。它的运动是有目的性

的，时间和距离相当长，有一定路线和方向，而且在一年或若干年中的某一时间，某些环境条件下，作周期性的重复，因而形成了所谓"定向移动"，这就是通常所说的洄游。鱼类的洄游是自然界中一种非常有趣的现象。大马哈鱼和鳗鱼是比较典型的例子。在海洋中度过青少年时期的大马哈鱼，到了性成熟的时候，就成群游向河口，并以一昼夜四五十千米的速度，逆水而行，到离海洋数百千米的河流上游产卵。它们在洄游途中，不思饮食，只顾前进，遇到浅滩峡谷、急流瀑布也不退却。有时为了跃过障碍，竟碰死于石壁上。到达目的地后，因长途跋涉，体内脂肪损耗殆尽，憔悴不堪。绝大多数大马哈鱼在射精及产卵后就死去，不能看护自己的后代。受精卵在河水中发育成小鱼后，顺水而下，回到海水生活四五年之后，又沿着父母经过的路线，回到河流的上游产卵。

生活在江河中的鳗鱼，却与大马哈鱼相反。它们长大以后要在海洋中产卵。鳗鱼在繁殖季节也有勇往直前的精神，当它们遇到河道阻塞，无法前进的时候，会不顾死活地离开水面，沿着潮湿的草地，翻越重重障碍，奔赴大海。鳗鱼在完成繁殖后代的使命之后，有的累死了，有的同子女一道回到故乡。

在许多情况下，洄游的鱼类是成群结队的。例如黑海里的鳀鱼就是著名的例子。成群结队的海鸥，常因饱食了拥挤在海面的鳀鱼而不能飞翔，有时鱼群大量游来，竟使海湾淤塞。100年前，巴拉克拉夫海港，曾因大量鳀鱼拥进，挤得水泄不通，大量的鱼因而闷死腐烂，臭气弥漫，竟然成灾，成了世界奇闻。

究竟什么原因促使鱼类作这样的洄游呢？我们说这首先是受到外界条件的影响。鱼类也和其他动物一样，它的活动受到温度的影响。由于鱼类在水中生活，温度、水流和盐度等对鱼类的洄游都有影响。水流对鱼类的洄游，特别是对幼鱼的洄游起着重要作用。因为对幼鱼来说，它们缺乏必要的运动能力，不能与强大的水流作斗争，因而只能完全被水流所"挟持"，随着水流而移动。许多成鱼的洄游，在很大程度上也受水流所左右。又由于它们身体的两侧有许多被称为"侧线"的感触器官，对水流的刺激尤为敏感，能帮助鱼类确定水流的速度和识别方向。不同种的鱼类对水流的刺激作用的反应也不同。有的是逆流而上，有的是顺流而下。鱼类的长途洄游，可以说大多数是由水流的作用而引起的。水的温度对鱼类的洄游，也有不可估量的作用。大多数鱼类也和候鸟一样，对温度的感觉相当敏感，它们只能在一定的水温中生活，当水温发生变化的时候，鱼类就要寻找适于生活的环境，从而产生洄游。例如我国沿海的大黄鱼、小黄鱼，它们在秋末冬初就先后离开沿岸，游向深海去度过严寒的冬天。这种洄游被称为"越冬洄游"。鱼类的洄游与水的盐度也有关系。水中盐分的变化，会引起鱼类生理上的变化，例如使鱼的血液内盐分减少或增多，就能使鱼的神经系统处于兴奋状态。不同种类的鱼或同一种类的鱼，在不同生活阶段中，对水中盐度的适应能力是不同的。对有的鱼来说，不同盐度水域的分界处，似乎是不可逾越的鸿沟，可是对另一种鱼来说，却又是它们洄游途上的"路标"。

据报道，鱼类的洄游与太阳黑子的活动也有关系。太阳黑子活动的强弱，影响太阳辐射出的热量和射出粒子多少。这种变化可引起大气环流的变化，从而影响水温、海流的变化，鱼类的洄游也随之发生变化。有人观察到，当太阳黑子活动强烈，大气温度和海水温度升高的时候，鳕鱼的洄游路线会受到很大影响。鳕鱼的洄游路线变化规律，与太阳黑子每11年产生一次强烈活动的周期大体相吻合。除外界的环境条件外，鱼类本身生理上的要求也能引起鱼类的洄游运动。这种洄游主要是在生殖期间和觅食期间，前者被称为生殖洄游或产卵洄游，后者被称为索饵洄游。鱼类的性腺发育到一定阶段后，由生殖腺分泌到血液中的性刺激素就起作用，迫使它游向沿岸水温高、盐度低的水域。因而大多数的鱼类在产卵的时候，都向近岸或河口洄游。当然也有例外，如比目鱼，一般是沿海岸线游向深海去产卵。

鱼类为了维持自己的生命和身体的新陈代谢，特别是在产卵以后为恢复体力，就必须寻觅必要的食料。鱼类的食料大多数是浮游生物或其他小鱼小虾，而这些生物的数量往往随着水域的环境变化而有很大的增减，因此鱼类为了追逐饵料生物群，就不得不作长距离的索饵洄游。也有人会问：为什么有的鱼喜欢逆流而上，有的喜欢顺流而下？为什么有的鱼就爱游向近海或江河中去产卵，而另一些又恰好相反，游向深海中去产卵？我们说，这与鱼类的遗传本能有关系。鱼类长期受外界环境条件的影响，洄游运动已经形成一种习性，成了一种遗传的本能。不同种类的鱼，由于从它们祖先所继承下来的习性不同，所经历的历史年代不同，所以这种遗传性的本能也有很大差别，并形成某一种族的固有特性。

掌握鱼类的洄游规律，在渔业生产上具有极其重要的意义。每年到了一定的季节，鱼类就成群结队地进行洄游，它们游经的路线和群集产卵、索饵、越冬地点就是大好的捕捞场所，形成我们常说的"渔汛"。那么怎样掌握鱼类的洄游规律呢？俗话说："近水知鱼性，近山识鸟音"。通过长期的实践人们已经积累了丰富的经验。随着现代科学技术的发展，人们对鱼类的洄游可以进行科学预测。但要真正掌握鱼类的洄游规律，并用以指导生产，还必须有赖于丰富的生产实践经验和多方面的调查研究。

深海鱼类发光奥秘

生活在海洋深处的鱼类，怎样在极其暗淡的光线下识别同类，寻找配偶和觅食呢？

原来，许多鱼类都像萤火虫那样，有着发光的本领。不同的鱼类，发出标志不同的亮光；靠着这些亮光，在同一鱼类中可以互相传递信息，并诱骗其他鱼类做牺牲品，或者用以摆脱捕食者。因此，发光是深海鱼类赖以生存的重要手段之一。

有人发现，在大海的某些深度区，95%的鱼类都能够随时发光，或者保持连续发光。而在茫茫的海面上，却又常常可以看到发光的鱼群及其他海上生物，把一片水域照亮。

隐灯鱼可以算是一种典型的发光鱼类。它的眼睛下方有一对可以"随意开关"的发光器，发出的光能在水中射到15米远，以致有人深夜在深海中不用照明就能把它捉到。

身子薄如刀刃的斧头鱼，虽然身长不过5厘米，但发光物几乎遍布全身，发光的时候，光芒能把整条鱼的轮廓勾画出来。鱼身下部的光既集中又明亮，仿佛插着一排小蜡烛。

鱼类发出的光，大多是蓝色或蓝绿色，但也有少数鱼类发出的光是淡红、浅黄、黄绿、橙紫或蓝白色的。发光本领最高超的，恐怕要算渔民们所熟悉的琵琶鱼了。琵琶鱼能发出黄、黄绿、蓝绿、橙黄等多种颜色的光。这是由于它身上以至嘴里都带着能发出磷光的细菌；当这些细菌和来自血管里的氧相接触时，便发生反应，显出闪光。

有些鱼类的头肩有腺体性发光器，当它遇敌逃跑的时候，能发出光雾，以迷惑敌人。有一种生活在深海区的虾，在逃避时也能释放出一片发光的液体，迷惑敌人。

鱼的发光器官很多，甚至很小的鱼，它的表体也会有几千个微小的发光体。但是，不管哪种发光器官，发光时都离不开氧气，氧气供应停止，光就熄灭。这和人工复制化学光有点类似：化学光不需要电路和电池，只要与空气或氧气接触，即被活化而发光；把它装在密闭的容器里，隔绝了空气中的氧，光就立即熄灭。

鱼类辨别回家路线的秘密

海洋中的珊瑚礁可算是一个嘈杂的地方，小虾用它们的小爪，鱼类用它们的牙齿源源不断地发出声音。研究结果显示，熟悉的声音可以吸引鱼类。在嘈杂的海洋里，幼鱼利用声音找到自己的家。当鱼类从卵中孵化出来后，它们通常在海洋里四处漂流，待它们成熟后，才回到其出生的地点再次进行繁殖。一个由苏格兰爱丁堡大学的Simpson博士领导的研究小组希望通过实验找到这些鱼类找到自己出生地方的秘密。他们已经知道声音可以在水中传播几千米的距离，所以他们就想证实是否是声音引导它们回到出生地。这些科学家在澳大利亚附近的海岸建立了24个人工珊瑚礁，并且在一些珊瑚礁中安装扩音器以发出声音。第一次测试中，发出声音的珊瑚礁吸引到325条鱼，而没有发出声音的珊瑚礁仅吸引到108条鱼。第二次实验选择了3种不同的声音：高频声音、低频声音和无声。发出高频率声音的珊瑚礁吸引到1118条鱼，发出低频声音的珊瑚礁吸引到1171条鱼，无声珊瑚礁吸引到657条鱼。科学家说道，这些现象或许可以说明，人为产生的噪声，例如轮船和钻井都可能对鱼类的繁殖起破坏作用。另外，此项发现也可能导致渔业利用声音吸引到更多的鱼，最终导致海洋中的生物物种接近枯竭。

生活在黑暗洞穴中的盲鱼

在我国西南地区黑暗的地下洞穴中，曾经发现过几条罕见的盲鱼。这些盲鱼最大的体长不到10厘米，它们的外表长的十分奇特：细长的身体粉红而透明，可以清楚地看到它体内的脊椎和内脏，形如一条条玻璃鱼。它们在长期同黑暗的斗争过程中获得了新本领，它们能忍受饥饿，不怕冷，也不怕热。在水温-10℃～35℃时都不致丧命，生命力极强。在我国云南、广西、四川等地的水下洞穴中也有盲鱼的踪迹。

世界上有不少地方，在完全黑暗的洞穴里也同样生活着各种不同种类的鱼。例如北美的洞鲈鱼和古巴的盲须鳎都是有名的盲鱼。

洞鲈鱼很小，一般只能长到16～20厘米。身上生有黑色的纵条纹，眼睛已被皮肤盖住，只留下一个痕迹。那么这种盲鱼如何行动呢？在它的头部和身上有许多不同形状的小突起，这些小突起能起感觉作用，完全可以代替眼睛，所以即使常年处于黑暗的环境，它们仍能自由自在地游来游去。盲须鳎长得很美，它的全身呈桃红色，也有的呈青铜色，在其上面还布满了黑色小斑纹，一般体长为15厘米。这种鱼在幼年时期眼睛比较发达，到了成年期眼睛就逐渐被皮肤所覆盖而成为瞎子，与此同时，在头部生出许多细小的敏感须，以此来代替双眼。

在美国加利福尼亚南部沿岸的岩石缝中或岩石下的洞穴里，可以找到一种身长只有10厘米的盲鰕虎鱼。这种鱼的皮肤呈浅红色，光滑无鳞。幼年时期，它的眼睛虽小，但有视觉，一旦长大，眼睛就隐没在皮下。虽然它双目失明，但它却能在黑暗的洞穴里东游西窜、异常活跃，这是由于在它的头部生有许多皮膜感受器，靠着这种感受器能迅速探索到食物。

还有一种墨西哥鱼，这种鱼在幼年时期生长着一对非常惹人喜爱的大圆眼睛。鱼类学家观察和试验发现它的双眼在发育生长的过程中自然而然地逐渐退化，活动就全靠皮肤来感受光线及外界的刺激。

还有一种更奇特的盲鱼叫盲鳗鱼，这种鱼是在真正的鱼类出现后才形成的。它主要生活在堪察加半岛海域，是世界上唯一用鼻子呼吸的鱼类。盲鳗虽然也被一层皮膜遮住了双眼，但是这种鱼不只在头部有感受器，它的全身也长满了超感觉细胞，能比较正确地判定方向、分辨物体。它还能钻进大型鱼类的体内，并且能把鱼的内脏吞食掉，然后再凭着感受器钻出鱼体，有时它还钻进鱼网捕食网中的鱼，而当渔民起网时，它又能迅速从网中逃走。这种鱼的耐饥能力很强，半年不进食也不至饿死。盲鳗有4个心脏，至于为什么它能有这么多心脏，至今还是个谜。盲鳗还能分泌出一种特殊的黏液，可将四周海水黏成一团，在敌害遇到这种黏液迷茫之时，盲鳗早已逃之夭夭。盲鳗一般以微小的甲壳动物或浮游生物为主要食物。

淡水鱼之王——白鲟

白鲟属鲟形目白鲟科，是一种罕见而具有特殊经济价值的鱼类。其身体呈梭形，前部扁平，后部稍侧扁，吻部像是一把延长的剑，吻的两侧有宽而柔软的皮膜。这种鱼的嘴巴特别大，眼睛却特别小，看起来很不相称。全身光滑无鳞，在体侧生有数行坚硬的骨板，这些骨板起着保护身体的作用。在尾鳍的上叶有8个棘状鳞。全身均为暗灰色，仅腹部为白色，因此而称白鲟。最大的鲟鱼体长为4米左右，体重约500千克，称得上是淡水鱼之王了。白鲟平时喜欢吃甲壳动物、小虾等食物，在春夏之间，又以鲚鱼为主要食物。每年3～4月份为白鲟繁殖期。一条30～40千克的白鲟，怀卵量可达20万粒，但成活率极低。我国的鲟鱼除白鲟外，还有中华鲟，它的体长仅次于白鲟，一般在2～3米，重400千克左右，是淡水中的第三号"鱼王"。中华鲟的性格很凶猛，经常追捕各种鱼类。鲟鱼的肉味非常鲜美，除鲜食或制成罐头外，熏制鲟鱼出口国外，深受称赞。它的卵经过加工后，也是名贵的食品，鲟鱼鳔是制作

胶质的原料。由于人们的滥捕，目前鲟鱼的数量已大大减少，是一种濒危物种，现已列为保护对象。我国准备在长江中下游建立以白鲟为主的自然保护区，以确保"淡水鱼之王"不致遭到灭绝的危险。

用肺呼吸的鱼

在非洲、美洲和澳大利亚的江河里，生长着一种介于鱼类和两栖类之间的珍奇动物，它叫肺鱼。肺鱼出现于4亿年前的泥盆纪时期，它身上披着瓦状的鳞，背鳍、臀鳍和尾鳍都连在一起，并有构造最古老的"原鳍"，所谓原鳍与正常鱼鳍不同之处是一个肉柄状的东西。肺鱼的鳔的构造很像肺，可以进行气体交换，所以有人将肺鱼的鳔称为"原始肺"，肺鱼的名字也是由此而来的。肺鱼还有内鼻孔，它在水中用鳃呼吸，当河水干涸时，它们能钻进泥土里，用"肺"和内鼻孔呼吸。科学家们认为肺鱼是自然界中最先尝试的由水中转向陆地的动物。

非洲肺鱼是在4亿年前已广泛分布在非洲的淡水沼泽地带和河川里的一种极原始的鱼类。当雨水充沛的时候，它可以用鳃痛快地呼吸；等到了干旱季节，沼泽地带干涸了，非洲肺鱼就要钻进烂泥堆里去睡觉。由于天气炎热，外面的泥堆早已被烘干，无形中成了一个泥洞，非洲肺鱼用嘴打开一个"小天窗"，然后自己又从皮肤上渗出一种黏液，使泥洞的壁变硬。它通过洞口，用肺呼吸外面的新鲜空气。它能在泥洞里不吃不喝地夏眠几个月，待到雨季来临，它又回到水中生活。

非洲肺鱼的夏眠引起了科学家的兴趣，他们早就认为，夏眠动物或冬眠动物体内一定存在着一种能引起睡眠的激素。现在，科学家们已经从非洲肺鱼的脑组织中提取一种物质，并将这种物质引入实验用的老鼠体内，结果使老鼠很快地进入了睡眠状态。当这些老鼠醒来之后，精神仍然很好。科学家们已把这种动物睡眠激素应用到人类失眠者身上。非洲肺鱼生性好斗，只要两条肺鱼相遇，必然有一条鱼的尾巴被咬断。冬眠时的肺鱼也不例外，有人从泥土中挖掘肺鱼时，竟被它咬伤了手指。

1835年，有人在亚马孙河流域的池沼和杂草丛生的浅水湖里看到过美洲肺鱼。这种鱼的背鳍、尾鳍和臀鳍愈合成一个总的鳍。这种鱼据说能发出猫叫的声音。每当干旱季节，肺鱼就躲进泥洞中，用肺进行呼吸。待雨季一开始它就从泥洞中爬出来，饱餐一顿，然后自己建巢，准备着生儿育女。美洲肺鱼的皮肤里散布着各种色素细胞，因此它们的体色是多种多样的，并能随着环境的变化而改变身体的颜色。

澳洲肺鱼则是肺鱼中体型最大的一种，体长可达1米多，主要分布在澳大利亚。在肺鱼生活的河川里，有时可以听到一种"呼隆、呼隆"的声响，其实这是肺鱼升出水面和从肺里呼出空气时发出的响声。它每隔40～50分钟就要升到水面上来呼吸1次。虽然肺鱼能用肺呼吸但它也能用鳃呼吸，可是如果长久地把它放在岸上，它的鳃干了，也会死亡。澳洲肺鱼极不喜欢活动，经常趴在水底一动不动，偶尔到水面上吸一口气，而后慢慢地又游到底层休息去了。有时渔民在捕捞别的鱼类时，碰到了澳洲肺鱼，就故意搅动河水，肺鱼仍然一动不动，又用木棍拨它的身体，这时它只是不高兴地把身体缓缓地向前游动一点，然后又停下来，所以，当地渔民把澳洲肺鱼又称"懒汉"鱼。

鱼中"建筑师"——三棘刺鱼

鱼类中最出色的建筑师要属三棘刺鱼，它不但能精心"设计图纸"，还能建造出一座漂亮坚固的"洞房"。三棘刺鱼喜欢平静的水流，它们在淡水或半咸水内部可以生活。泥底或砂底的、岸边多草的小河、小沟、湖泊和苇塘都是它们喜欢的住所。这种鱼喜欢群居，往往数十尾刺鱼一起去游玩，这样既热闹又可以一致对敌。它们经常去吃刚刚孵化出来的其他鱼类的幼鱼。可是别的鱼想吃它们就不那么容易了，偶尔遇有胆大的鱼去吃三棘刺鱼，其结果自食其果，被刺鱼伸展开的3根刺无情地刺入贪吃者的口腔内。

三棘刺鱼在背部生有3根坚硬的棘刺。雄鱼在生殖期间，由平时的暗灰色一下竟变成了鲜艳的桃红色，这种突变的颜色又叫求偶色。每

当繁殖季节雄刺鱼忙的很，这个出色的"建筑师"先去挑选自己未来"妻子"生儿育女的最佳场所。

它经常是把"洞房"选在水草间或岩石地带的池洼间，因为这里的水位深浅适度，同时又经常有水徐徐地流动。地点选好后，它便开始搜集"建房材料"，用嘴衔着植物的根和茎以及其他植物的屑片，来回叼两个星期，然后从自己的肾脏中分泌出一种黏液，把所有的材料黏在一起，在黏合的时候，它能按照自己设计的"图纸"造出一个非常坚固而漂亮的鱼巢，它还怕不结实，一次又一次地往巢上泼水，泼完水又要马上用自己的身体摩擦巢壁，就这样经过反复摩擦，再看看这座"建筑物"，的确显得既光亮又坚实。最后"竣工"的巢型是这样的：外观为椭圆形，并有两个孔道，一个进口，一个出口，而且巢中间又为空心的。凡是见过三棘刺鱼造的巢的人，无不为之叫绝。

有的鱼离水也能活

人所共知，鱼儿离不开水。鱼是用鳃呼吸的水生动物。它没有内肢也没有肺，离水以后时间稍长，即会窒息死亡。可是也有的鱼离开了水不但能活，而且还能爬能跳。

这种鱼的身体侧扁，但在头顶上长着一对大而突出的眼睛，这对眼睛能灵活地向着各个方向转动，它的名字就叫弹涂鱼。

这种鱼一般生活在热带的海岸和我国南方沿海一带。每当退潮时，便可以看到它们在潮湿的沙滩上蹦蹦跳跳，有时爬到红树根上。别看弹涂鱼没有脚，它却能爬又能跳，这主要是由于它的胸鳍生得十分粗壮，如同陆地上动物的前肢，活动自如。它的腹鳍又合并成一个吸盘，当它爬到潮湿的泥沙地上以后，可以靠着吸盘吸附在其他物体上。弹涂鱼在陆地上的行走动作很有趣：它用腹鳍先把身体支撑住，然后再用胸鳍交替着向前移动。乍看起来，都觉得弹涂鱼的行动很慢，如果它碰到敌害，其爬行速度之快是相当惊人的。它还会利用坚韧的胸鳍、锋利的牙齿和宽大的嘴巴掘出一个大土洞，在炎热的夏天它就可以躲进洞里去避暑。弹涂鱼的鳃腔很大，这样能贮存大量的空气，同时这种鱼的皮肤布满了血管，无形中就起到辅助呼吸的作用。当它在陆地上活动时，常常将尾鳍伸进杂草丛生的水洼中，或者紧贴在潮湿的泥地上。这样也可以帮助呼吸。弹涂鱼喜欢吃小型甲壳动物和昆虫，其肉味道鲜美细嫩、营养价值较高。

无独有偶，在我国福建、广东和一些热带、亚热带的湖沼河沟中，有一种小型鱼类，它很喜欢在夜间进行捕食活动，它们总是成群结队离开河水、经过田野到大路上去寻找最爱吃的昆虫，有时它们发现小树丛中有一团团的小昆虫，那么就一蹦一跳地上去，吃得饱饱的再爬回小河里，这种离水能活的鱼叫攀鲈鱼。

攀鲈鱼的行动很奇特，在它的鳃盖后面有根多硬棘，每当行动的时候就靠着鳃盖上的硬棘顶着地面，胸鳍和尾部的帮助和配合，就能一点一点地往前爬行。在天气干旱的季节，攀鲈鱼可以在潮湿的淤泥中生活几个月不致饿死，更不会因河水干涸而死亡。这是由于攀鲈鱼也有副呼吸器官，这个副呼吸器官是在它的鳃腔背后，生有类似木耳形状的皱褶，皱褶的表面上布满了许许多多的微血管，这样便可以进行气体交换。

还有一种长相像蛇的鳗鲡，它除在水中生活外，还经常爬到潮湿的草地上或雨水流过的地方去寻找食物。它很喜欢吃小昆虫及小蜗牛。每当吃饱以后它们就在岸边草丛中爬来爬去，有时走路人竟被鳗鲡吓一跳。鳗鲡的身上布满了黏液，无鳞的皮肤上面又布满了微血管，这样就可以利用皮肤和外界进行气体交换，来维持生命。可是也有人认为鳗鲡离开水能活的主要原因是由于这种鱼的鳃孔极小的缘故，这样水分不易蒸发，我们说这种看法是不正确的。黄鳝是大家所熟知的淡水鱼，它的肉质很鲜嫩。黄鳝一般生活在池塘、稻田等浅水的地方，也有人经常看到黄鳝竖起前半截身体，在东张西望，其实它并没有看什么东西，而是在呼吸新鲜的空气呢。通过观察，黄鳝的鳃早已退化，这就给它在水中进行呼吸出了大难题，但黄鳝的口腔和咽喉表面却布满了微血管，它可以伸出头来把空气吞进口腔后，慢慢地进行氧气交换，因而它在淤泥中度过几个月也不致饿死。

除此之外，还有肺鱼、泥鳅、乌鳗等也都属于离水能活的鱼。刚才提到的这些鱼类，都有一套离水可以继续生存的本领，它们的这些本领在科学上称之为具有副呼吸器官。

"鱼中神枪手"——射水鱼

曾经发生过这样一件有趣的事："在一家颇有名望的水族馆里，会赚钱的老板，养了很多种奇形怪状的鱼，供人们欣赏。其中有一个鱼缸里养着几条身体只有20厘米长，体色鲜艳的小鱼，它们活动力极强，正在兴致勃勃地东游西窜，于是观赏的人们便纷纷向这个鱼缸围拢过来，一位戴眼镜的观赏者站在最前面，突然，一串'水弹'射了过来，把他的眼镜打落在地，滑稽场面引得大家捧腹大笑。"

原来鱼缸中养的这条鱼，是弹无虚发的水中"神枪手"——射水鱼。射水鱼生活在东南亚和澳大利亚的小河里，它不仅能捕食水中生物，还能享受陆地上昆虫的美味。看！在这水草丛生的河里，一条射水鱼正在缓缓游动。它虽然身在水中，眼睛却直盯盯地望着水草尖，原来在那草尖上正落着一只蜻蜓，射水鱼轻轻地游过去，看准目标，突然喷射出一串"水弹"，蜻蜓被击落，糊里糊涂地成了射水鱼的腹中之食。

射水鱼的射击技术相当高明，一米距离内射出的"水弹"可以百发百中。人们发现在射水鱼的口腔上部有一条沟状的构造，并和舌头黏合在一起，形成一个管子，如果舌头上下自然拨动，那么一连串的"水弹"就会从口中喷射出去。为什么射水鱼会有这么高超的射击本领呢？

生物学家用高速摄影机拍摄了射水鱼发射"水弹"的分段动作，才弄清了水中"神枪手"的秘诀，原来，太阳光从空中进入水中，会发生折射，光线折射会产生误差。有趣的是，射水鱼在瞄准目标时，会使自己的身体与水面呈垂直姿势，同时，眼睛距离水面也很近，这样发射出去的"水弹"，才能克服光线折射时产生的偏差，从而准确地射中目标。

由于射水鱼的取食方法十分奇特而有趣，在东印度群岛和波利尼西亚群岛的居民喜欢把射水鱼养在玻璃缸里，观看它的精彩"射击"表演。他们在鱼缸内插上一根木棍，在露出水面的一端安上一根刺，再在刺上放上一只活的小昆虫。正在水中游玩的射水鱼，看到有活的小动物，它就会照准小昆虫"突""突"一连射出两发"水弹"，昆虫应声落水，只见射水鱼美滋滋地将昆虫吞下，又自由自在地游玩去了。

会闪光的星星鱼

夕阳西下，大地渐渐笼罩在一片黑暗中。在玻利维亚的戈郁伯湖面上，却时常有亮光在闪烁不停，好似天上的群星落进湖中。也许有人会问：描绘这幅美丽景色的是什么物质呢？它是一种淡水小型鱼类，叫星星鱼。这种鱼大小和人的手掌差不多。可它的尾鳍特别长，在腹部生有许多红色的鳞片。由于这种鱼种类很少又加上它有一套复杂的发光构造，所以就更加珍奇。在星星鱼的背部长着一个长形透明的发光壳，在这壳里面装有发光器，在发光器上又分为4层薄膜：底层光滑而透明，为反光膜；第二层是发光细胞和神经细胞组成的发光膜，是发光器的主要部分，第三层是透明的输送膜，专门供应发光器所需要的氧气和水分的；最外面一层是透明的发光壳膜，它的主要作用是保护发光器。星星鱼在发光时，要吸取大量的氧气，这就使它要经常浮出水面。由于它时而上浮时而下沉，因此它身体内的发光器所发出的光也就随着一明一暗，犹如天空中闪烁的繁星。

"气候鱼"——泥鳅

泥鳅最为常见。浑身滑溜溜的，背部和两侧为灰黑色，全身又布满黑色小斑点，在它的尾柄处有大黑点。小小的眼睛，吻的周围长着5对触须。泥鳅喜欢在静水区的底层栖息着。我国除西北高原地区以外，可以说从南到北的湖泊、池塘、沟渠和水田底层，凡是有水域的地区它都能生长。泥鳅的生命力极强，不会因不良环境或生病而死亡。泥鳅的肠子很特别，在它的肠壁上密密麻麻地布满了血管，前半段起消化作用，后半段起呼吸作用。所以，泥鳅在水中氧气不足时，会到水面上吞吸空气，然后再回到水底进行肠呼吸。废气由肛门排出，人们往往能看到水里冒出很多气泡。

当天气闷热、即将下雨之前，小泥鳅很难受，此时水中严重缺氧，迫使它一个劲儿地上下乱窜，犹如在表演水中舞蹈，这正是大雨降临的前兆，西欧人为此称泥鳅是气候鱼。冬季河湖封冻了，泥鳅就钻入泥土中，依靠泥土中极少量的水分使皮肤不致干燥，此时它靠肠进行呼吸来维持生命。待来年解冻时再出来活动。泥鳅产卵从每年的5~6月开始，6~7月为最盛时期。一般卵为黄色，稍有黏性。经过3~4天即可孵化出幼鱼，不过这种幼鱼和别的鱼有所区别，它的鳃条是全部露在外面的，没有养过泥鳅的人，见到这种情况千万不要大惊小怪，以为是什么别的动物，它正是泥鳅的幼鱼。泥鳅对环境的适应力很强，繁殖快，肉味鲜美，含蛋白质高。由于有这些优点，近年来不少渔民走上了饲养泥鳅的致富道路。

凶猛的彼拉鱼

彼拉鱼是一种生活在南美洲亚马孙河里的淡水鱼，以小鱼为食。虽然身体只有30厘米长，但可千万别小瞧它，它可是凶猛异常的水中鱼类，它曾袭击过像牛那样大的哺乳动物。过河的牛遇到彼拉鱼，常不等到达对岸，就会因流血过多而沉入水中死亡。据记载："有一个人骑马过河，不幸遇到一群彼拉鱼，后来发现在这河里有人的衣服及人和马的骨头。"

　　有一件奇怪的事，那是发生在南美洲，印第安人有一种奇特的风俗习惯，也是世界上独一无二的祭礼仪式：当他们的长辈去世后，既不埋葬也不火化，而是将尸体用丝绸带缠好，并在身体的两侧放满鲜花，然后高奏哀乐，在乐曲声中徐徐地将尸体投入河中。霎时间，只看一群小小彼拉鱼闻讯而来，把死者的身体吃个精光，最后只剩下一副骨架。也有传说在古代的大暴君、大奴隶主也常常把触犯他们礼法的人，推入有彼拉鱼群聚的河里，作为一种酷刑。

　　总之，不管任何动物（包括人）如果不幸闯入它们居住的范围，都会立刻受到袭击，并在很短的时间里被切成碎块。彼拉鱼犹如一群饿狼，在它们周围，任何东西都不会有生存的余地。如果它们遇到大的动物，一时无法吃下，就撕咬得乱七八糟，留下的部分任其漂流或下沉，所以彼拉鱼所经之处，水面上的残体和血，狼藉不堪。

　　也许有人会问："一条小小的彼拉鱼真的会这么厉害吗？"是的，因为它们是群聚性动物，从不分散，碰到大小敌害，它们会群起而攻之。另外，彼拉鱼虽然个体小，但却长满一嘴的锋利牙齿，而且专门喜欢撕杀各种动物肌肉。这样一来，个体虽小的彼拉鱼却是令别种动物望而生畏的。但单个彼拉鱼就失去了威风，有位鱼类学家做过这样一个试验：将一条彼拉鱼放在水族箱内，主人用手指轻轻动一下水面，这条以凶猛自居的彼拉鱼却马上躲到水族箱的角落里去了。

"活鱼雷"——剑鱼

　　第二次世界大战即将结束，英国一艘"巴尔巴拉"号轮船正在作横渡大西洋的定期航行。突然，值班水手发出一声绝望的惊叫："鱼雷！左舷发现鱼雷！"这时轮船上随即响起警报，船员们慌作一团，全部拥向甲板。主舵手发疯般地转着舵，拼命地改变着航向。从左舷看去，可以清楚地看到一个黑色的椭圆形的东西异常迅速地朝轮船冲来，其后掀起一道道白浪。不一会儿，只听一声震耳欲聋的巨响……

船上的人早已被吓得魂不附体，可是奇怪，轮船并没发生爆炸。这时人们才发现，轮船船底破了一个大窟窿，海水汹涌而入。而那个可怕的"鱼雷"已经离开了这条船，又向着另一个方向冲去。原来，那是一条巨大的剑鱼——"活鱼雷"。

剑鱼属于剑鱼科，它的长颌延长，呈剑状突出，因而得名。它的"剑"异常锋利，犹如长尾鲨的尾巴一样。属于残忍凶猛的鱼类。平时喜欢生活在大洋深处，安分守己，胆小怕事，但在它发怒时，它会不顾一切地向鲸鱼、军舰或渔船扑去。游动的速度是相当惊人的，据测定，此时剑鱼的时速可达100千米。剑鱼在鱼类的大家族中算得上是引人注目的，它那纺锤形的身体行动异常敏捷。两个背鳍长得也很奇怪，一个是又长又尖，另一个短的让人看不出来，尾鳍像一弯新月。剑鱼的体表呈深蓝色，腹部为纯蓝色，这种体色在一般沿海鱼类中是很少见的，这显然是大洋性鱼类的主要特征。

剑鱼为肉食鱼类。曾在一条剑鱼的胃里发现有几尾鲳鱼，一尾大眼鲷鱼，十二尾鲹以及它的仔鱼。剑鱼的捕食方法很特殊，观其捕食犹如在看它跳一场"死亡之舞"。当它一闯进鲭鱼群，就将身体放扁从水中跃起，经过几跃之后，多数鲭鱼均被震昏。此时，它又以闪电般的速度在鱼群中横冲直撞，不一会儿就用长剑刺死数十条鲭鱼，然后便狼吞虎咽地饱餐一顿。英国军舰"列波里特"号在利物浦西南600千米的海面上曾几次受到剑鱼的袭击。一次，舰上的人员正准备进行早操集训，忽听一声巨响，全体人员都不知出了什么事。一查看，原来在船尾侧面的抛锚处有一尾剑鱼刺入船板，它正在挣脱欲逃，说时迟那时快，也不知是谁用一根粗大的绳子准确无误地套住了它的尾部，大剑鱼被吊上了甲板。经测量，这尾剑鱼全长为5.28米，其中"剑"长就有1.54米，体重为660千克。

在很久以前，当船舶还都是木制的时候，英国保险公司的保险项目中就列有"剑鱼攻击船只所受伤害保险"一款。在英国肯西格顿城的历史自然博物馆里，还陈列着遭到剑鱼攻击而受损的船只和剑鱼被船折断的"剑"。由此可见，剑鱼在当时的危害性是相当严重的。

1944年，南非某处海面上出现了一条大剑鱼，它凶猛地用自身的"利剑"戳穿了一条渔船，并把船举出水面。转眼间，连船带人都被卷入了水中。

1948年底的一天，美国4桅帆船"伊丽莎白"号在驶近波士顿时，遭到剑鱼的袭击。船员们亲眼看着那庞然大物是怎样以每秒几百米的速度猛冲过来，它的长剑深深戳进船舱，甚至连头都快插进去了，幸好它没有继续进攻，否则船真的要惨遭灭顶之灾了。尽管如此，"伊丽莎白"号进港后，还花了3000多美元的修理费。剑鱼还常常同鲨鱼群一起围攻巨鲸，有时在海上可以看到这样的情景：一群鲨鱼把一头巨鲸围困在中间，它们用锐利的牙齿在鲸鱼身上厮咬，不一会儿鲸鱼就昏迷过去。这时剑鱼也赶来了，用自己的长剑在鲸体上左右乱拨，奇怪的是它却一口不吃，好像专门为鲨鱼效劳的，剑鱼这样的举动至今令人捉摸不透。

剑鱼的肉很鲜美，所以渔民从不错过捕捉它的机会。由于剑鱼长成之后单独行动居多，所以在渔业上捕捉意义不大。不过，剑鱼也有个特殊的习性，它很喜欢混在鲔鱼群内，因此一般有鲔鱼群的地方，便可以常常看到剑鱼。但是捕捉剑鱼可不是件容易的事，对于它，用各种网具都是徒劳的，唯一能捕捉它的工具就是鱼叉，而这又是一桩相当冒险的事。往往受了伤的剑鱼突然潜入海底，而后猛地冲出海面，刺穿或打翻渔船。所以，捕捉剑鱼一定要做好充分的准备工作。

鸟类的迁徙之谜

每年到了一定的季节，鸟类就由一个地方飞往另一个地方，过一段时间又飞回来，并且年年如此，代代相传，鸟类的这种移居活动，叫迁徙。

目前，世界上已知的鸟类有8000多种。并不是所有的鸟类都有迁徙现象，例如麻雀、喜鹊等鸟类在一个地区一年四季都可以见到，从不迁徙（称为留鸟）；而啄木鸟等过着漂泊流浪式的生活，它们的活动地区随着食物而转移，没有明显的栖息地区（称为漂泊鸟），这也不算迁徙。

鸟类为什么会有迁徙现象呢？有的科学家认为，远在10多万年前，地球上曾发生多次冰川。冰川来临时，北半球广大地区冰天雪地，鸟儿找不到食物，失去生存的条件，就飞到温暖的地方。后来冰川慢慢融化，并向北方退却，许多鸟类又飞回来。由于冰川周期性的侵袭和退却，就形成了鸟类迁徙的习性。如果果真这样，那么鸟的迁徙本能早在几百万年前就形成了。

有的科学家认为，鸟类迁徙的根本原因是体内一种物质的周期性刺激导致的。这种刺激物质可能是性激素。有时候，由于这种物质的刺激导致的迁徙本能，可能超越母性的本能，因此在这些鸟类中往往可以看到，当迁徙季节来临时，雌雄双亲可以抛弃晚出生的幼雏，而远走他乡了。

也有的科学家用生物钟来解释鸟类迁徙现象。现在，人们普遍认为，鸟的迁徙与外界环境条件的变化和内在生理的变化都有关系。鸟的迁徙要飞过漫长的路程，例如有一种鹬，从俄罗斯的最北部，一直飞到南美洲的南部去越冬，旅程1500千米，要飞行47天。

鸟的迁徙总是按固定不变的路线，从不迷航。这是为什么呢？有的科学家认为，这是鸟类通过视觉，依据地形、地物和食物来辨认和确定迁徙路线。有的科学家则认为，鸟类在白天迁徙时是以太阳的位置来导航；夜晚则以星宿的位置来导航。有的科学家则认为路线是靠鸟类对地球磁场的感觉确定的。

尽管这些科学家的解释都有一定的道理，然而也仍有一定的局限性，还有待于科学家们的进一步探讨。

体形最大的两栖动物——大鲵

大鲵是我国特产的一种珍贵野生动物，因其夜间的叫声犹如婴儿啼哭，所以俗称为"娃娃鱼"，但它却并非鱼类，而是体形最大的一种两栖动物，体长一般为1米左右，最长的可达2米，体重为20～25千克，最大的达50千克。娃娃鱼的家族在地球上已经存活了3亿6千5百万年了。

现在我们常见娃娃鱼体表颜色主要有暗褐色、红棕色、深黄色3种。娃娃鱼眼小如绿豆，尾粗短，体表附有透明黏液。娃娃鱼扁头大嘴，它的上颚有两排牙齿，下颚有一排牙齿，当它们吃东西的时候，上下颚合拢，牙齿形成交错状。它们白天躲在洞穴内，夜晚出来活动。娃娃鱼拥有四肢，四肢肥短，很像婴儿的手臂，据说这也是把它叫作娃娃鱼的又一个原因。前肢具4指，后肢具5趾，指（趾）间有微蹼，无爪。它还是一个十足的近视眼呢。虽然它的皮肤裸露，表面没有鳞片，毛发等覆盖，但是可以分泌黏液以保持身体的湿润；其幼体在水中生活，用鳃进行呼吸，长大后用肺兼皮肤呼吸。娃娃鱼属于两栖动物。有资料记载现在存活的两栖动物还分为3种，有尾没腿的、有腿有尾的、有腿没尾的。娃娃鱼为有腿有尾的。

　　大鲵的分布很广泛，黄河、长江及珠江中下游及其支流中都有它的踪迹，遍及北京怀柔、河北、河南、山西、陕西、甘肃、青海、四川、贵州、湖北、湖南、安徽、江苏、浙江、江西、福建、广东和广西等省、区，在我国古书中多有"鲵鱼有四足，如鳖而行疾，有鱼之体，而以足行，声如小儿啼，大者长八，九尺……"等记载，《本草纲目》中也说："鲵鱼，在山溪中，似鲇有四脚，长尾，能上树，声如小孩啼，故曰鲵鱼，一名人鱼。"可见大鲵的形态和生活习性早已为我国人民所熟知，娃娃鱼的名字也一直传到现在。

　　在两栖动物中，大鲵的生活环境较为独特，一般在水流湍急、水质清凉、水草茂盛、石缝和岩洞多的山间溪流、河流和湖泊之中，有时也在岸上树根系间或倒伏的树干上活动，并选择有回流的滩口处的洞穴内栖息，每个洞穴一般仅有一条。洞的深浅不一，洞口比其身体稍大，洞内宽敞，有容其回旋的足够空间，洞底较为平坦或有细沙。白天常藏匿于洞穴内，头多向外，便于随时行动，捕食和避敌，遇惊扰则迅速离洞向深水中游去。傍晚和夜间出来活动和捕食，游泳时四肢紧贴腹部，靠摆动尾部和躯体拍水前进。它在捕食的时候很凶猛，常守候在滩口乱石间，发现猎物经过时，突然张开大嘴囫囵吞下，再送到胃里慢慢消

化，所以有些地方的歇后语说："娃娃鱼坐滩口，喜吃自来食。"即指此而言。成体的食量很大，食物包括鱼、蛙、蟹、蛇、虾、蚯蚓及水生昆虫等，有时还吃小鸟和鼠类。有趣的是，它还善于"用计"捕捉一种隐藏在溪中石缝里的石蟹，利用石蟹两只大螯钳住东西便不轻易松开的特点，将自己带有腥味分泌物的尾巴尖伸到石缝之中，诱使石蟹用螯来钳。一旦发现石蟹"中计"，便立即将其顺势拉出。

由于新陈代谢缓慢，食物缺少时其耐饥能力很强，有时甚至2～3年不进食都不会饿死。9～10月活动逐渐减少，冬季则深居于洞穴或深水中的大石块下冬眠，一般长达6个月，直到翌年3月开始活动。不过它入眠不深，受惊时仍能爬动。

大鲵每年5～8月繁殖，它的雄性和雌性在外形上很难区分，只有在繁殖期通过泄殖孔的不同来辨认，雄性泄殖孔的内周有一圈突出的白色乳点，孔的周围充血红肿，橘瓣状的肌肉隆起，雌性泄殖孔的肌肉则是松弛的。大鲵的繁殖以体内受精为主，雄性不会鸣叫，两性也没有"抱对"和交配行为发生，但雄性的求偶表现也很引人注目。雄性先是不断围绕着雌性游动，时而前行，把尾巴向前弯曲并急速抖动；时而后游，用吻端去触摸雌性的泄殖腔孔。雄性的这种求偶游戏，竟长达数小时之久，雌性在雄性的刺激下，终于尾随在雄性之后，缓缓游动。雄性乘机排出乳白色的精包，徐徐沉落水底，雌性则以泄殖腔的边唇扣住精包，随之将精子吸入体内，储于输卵管中，等待着与卵子会合而受精，而精包的胶质包膜则被遗弃到体外。

产卵前通常首先由雄性用头、足和尾部把洞穴做的"产房"清扫干净后，雌性才住进去。产卵多在夜间进行，雌性一次可产卵400～1500枚，卵为乳黄色，直径5～8毫米，并形成长达数米至数十米不等的念珠状卵带，飘浮在水中，有时也成块粘贴在石壁上。雄性随即排精，在水中完成受精过程。雌性产完卵后即离开洞穴，卵靠自然温度孵化。雄性则留在洞穴中负责监护，还常把身体弯曲成半圆形，将卵围住，或把卵带缠绕在身上，以防被水冲走和天敌的侵袭。孵化期为30～40天，最多也有长达80天的，随水温的不同而变化。孵出的幼体形状似蝌蚪，体长为2.8～3厘米，体重0.28～0.3克，体表的背面为浅棕红色，腹面为浅黄色，全身密布黑色素细胞小点，头稍向腹面低弯，头前的上颚吻端有一对外鼻孔，头前方背侧有一对深黑色的小眼睛，靠近前肢前面的颈部左右两边各有3根树枝状的外鳃，为呼吸器官，每根鳃枝上长着似绒毛的桃红色须状物14～15束，外鳃要待肺形成后才逐渐消失。腹部由于卵黄囊较大，腹腔呈长椭圆形的袋状，囊内积存的卵黄物质是其出生后的营养来源。作为运动器官的前后肢都尚未完整，所以在水中不能保持身体的平衡，不活动时就侧卧在水底。但尾比较发达，可以依靠尾的摆动进行不规则的运动。幼体生长缓慢，两岁以内以植物为食。大鲵的寿命较长，能活100多岁。

中国火龙——蝾螈

蝾螈，又称火蜥蜴，是在侏罗纪中期演化的两栖类中其中的一类。全世界大约有400多种，分属有尾目下的10个科，包括北螈、蝾螈、大隐鳃鲵（一种大型的水栖蝾螈）。它们大部分栖息在淡水和沼泽地区，主要是北半球的温带区域。

蝾螈体长7～9厘米。有4条腿，皮肤潮湿，背和体侧均呈黑色，有蜡光，腹面为朱红色，有不规则的黑斑；肛前部橘红色，后半部黑色头扁平，吻端钝圆；吻棱较明显；有唇褶；躯干部背面中央有不显著的脊沟；尾侧扁。犁骨齿两长斜行成"∧"形。四肢细长，前肢四指，后肢五趾；指、趾间无蹼。雄性肛部肥大，肛裂较大；雌性肛部呈丘状隆起，肛裂短。蝾螈都有尾巴，体形和蜥蜴相似，但体表没有鳞。它与蛙类不同，一生都长着一条长尾巴。蝾螈的视觉较差，主要依靠嗅觉捕食，以蝌蚪、蛙、小鱼，孑孓、水蚤等为食。

蝾螈属动物生活在丘陵沼泽地水坑，池塘或稻田及其附近。10月到次年3月多在水域附近的土隙或石下进入冬眠。3~9月多在山边水草丰盛的水坑或稻田内活动。在寻求配偶时，雄螈经常围绕雌螈游动。时而触及雌螈肛部，时而在头前，弯曲头部注视雌螈，同时将尾部向前弯曲急速抖动，如此反复多次，有的可持续数小时。当雄螈排出乳白色精包（或精子团），沉入水底黏附在附着物上时，雌螈紧随雄螈前进，恰好使泄殖腔孔触及精包的尖端，徐徐将精包的精子纳入泄殖腔内。精包膜遗留在附着物上。纳精后的雌螈非常活跃，约1小时后才逐渐恢复常态。雌螈纳精1次或数次，可多次产出受精卵，直至产卵季节终了。在产卵时雌螈游至水面，用后肢将水草或叶片褶合在泄殖孔部位，将卵产于其间。每次产卵多为1粒，产后游至水底，稍停片刻再游到水面继续产卵；一般每天产3～4粒，多者27粒，平均年产220余粒，最多可达668粒。一般经15～25天孵出。即将孵出的胚胎有3对羽状外鳃和1对细长的平衡肢。蝾螈是较好的实验动物和观赏动物，也能捕食水稻田中的水生昆虫。

蝾螈具有相当强的生命力，其自愈能力相当优异，所以有时发现个体因为机械性的外伤而断肢时，不出多久便会由伤口长出一肉芽，并逐渐发展修复成原先的状态。

在自然界中，蝾螈没有明显的冬眠蛰伏现象，所以一年四季都能捕到，尤其春季至秋季容易获得。这时候由于气温适宜，蝾螈在水中非常活跃，常在水底和水草下面活动，一般隔几分钟就要游出水面吸气。所以，只要在潭旁静候观察，发现蝾螈，便可立即用捞网捕捉。入冬之后，蝾螈隐伏在水底、潮湿的石窟内或石缝间，一般不窜出水面；当水干涸或上面有薄冰时，往往伏在水草间、石块下，甚至移至陆上，伏在树洞或地面裂缝中过冬。这时候较难发现和捕获蝾螈，只好将潭水搅动，迫使蝾螈活动，乘浑水捞获。

蝾螈从窜出水面吸气到下沉，一般只有3～4秒，因此捕捉时要眼明手快，必须掌握时机，迅速捞捕。一般可将捞网伸入水面等待，当蝾螈刚升上水面时轻轻一捞，便可捕获，放入盛水的塑料桶里。雌蝾螈产卵很有意思，先是在水中选择水草的叶片，再用后肢将叶片夹拢，反复数次，最后将扁平的叶子卷成褶，并包住泄殖腔孔，静止3～5分钟，受精卵即产出，包在叶内。雌蝾螈产卵后伏到水底，休息片刻又浮上来继续产卵，一般每次仅产一枚卵。野外见到黏有蝾螈卵的水草，可顺便采集，带回室内孵化。

蛇颈龟

蛇颈龟是古龟类的一科，甲壳呈圆形或心脏形，壳较厚，无腹中甲有间喉盾或下缘盾。生存于晚侏罗纪至早白垩纪，主要分布于欧洲、亚洲。我国四川等地发现的蛇颈龟属和天府龟属均属此类。

蛇颈龟生活在澳大利亚北部，由于饲养容易，繁殖也不困难，所以人工个体的数量是非常庞大的，虽然说澳洲所有的野生动物都是禁止出口的，但总会有人有办法让它们流入海外，我国就有大量的进口数量。蛇颈龟是全水性的品种，它们拥有长长的颈子，离远看的确很像古代的蛇颈龙。

蛇颈龟的背甲呈椭圆形，为灰黑色，颜色并不鲜艳，它受人喜欢的地方就在于它奇怪的长脖子，和它面部超级搞笑的表情。

蛇颈龟以特长的颈部而得名。完全肉食性且喜爱活饵。这是一种很容易驯养的龟类。只要饲养1~2个月就能够认得主人。同时它们也很健壮，抗病力强，极适合初学者饲养。只是因为台湾进口的蛇颈龟绝大部分是来自印度尼西亚新几内亚岛的野生个体，所以多半是成龟，体型较大，需用1米以上的水族箱饲养。蛇颈龟也是完全水栖性的龟类，连冬眠和交配都是在水中完成。只有雌龟在产卵时才会上岸。如遇到旱灾河水干涸时，它们会钻入土中夏眠直到雨季来临。蛇颈龟有群居的特性。约7~10年才算成熟。寿命较短，在30年左右，雌龟大于雄龟，每窝可下7~24颗蛋，约180天孵化。蛇颈龟也属于侧颈龟类，有许多不同的种类。

大蟒能吃下多大的动物

我们有时会从电视播放的外国杂技节目中看到，一位美丽的姑娘身上缠着几条可怕的大蛇在玩耍。那些大蛇就是蟒蛇，也叫蚺蛇，体型巨大，我国最大的蟒蛇长7米，重60千克。蟒蛇没有毒，不像毒蛇那样，先用毒牙流出的毒液毒死猎物再吃掉，而是先咬住猎物，再用它那巨大的身躯缠住猎物，不断地用力，直到把猎物勒死，最后不紧不慢地吞下去。像毒蛇一样，它的头部连接到下颚左右两边的骨头是活动的，另外下颚肌肉像橡皮筋那样能左右张开，所以它的嘴张得很大，这样就使它能吞下比自己的头大好几倍的动物，在南美洲的丛林里，巨大的蟒蛇甚至能吃掉凶恶的美洲狮。

鳄的性别是由什么决定的

鳄是爬行类动物，和龟类、蛇类一样，都是先生卵，再由卵孵化出小动物来。鳄的卵是不是在孵化之前就已经有雌雄之分呢？就是说雌卵孵出雌鳄，雄卵孵出雄鳄呢？

科学家通过实验证明，决定鳄卵性别的不是卵的内在因素，而是孵卵温度。

鳄孵卵是很有趣的，母鳄将卵产在预先挖好的泥坑里，上面盖上泥土和树叶。母鳄不孵卵，鳄卵是靠树叶腐败发酵产生的热量来孵化的。母鳄守在泥坑边上，公鳄守在外围。孵化3个月左右，小鳄就破壳而出了。母鳄听到小鳄发出轻微叫声时，就会将泥坑上面的覆盖物扒开，让小鳄从坑里爬出来。

孵化出的幼鳄是雄性还是雌性呢？这就看孵化温度了。如果孵化温度在34℃以上，孵出来的全是雄鳄；孵化温度在30℃以下时，就都是雌鳄；如果温度在30℃～34℃之间，那么根据受热的程度，有的是雄性，有的是雌性。

龟类、蛇类及蜥蜴类爬行动物，和鳄类一样，也是由孵化温度决定性别的。

　　既然知道鳄类的性别是由外界因素——孵化温度决定的，那还有什么谜呢？问题是鳄没有性染色体，而由爬行动物进化成的鸟类、哺乳类却有性染色体，并由性染色体决定性别。那么这种性染色体是怎么进化来的呢？到目前为止，可以说还一无所知。

植物篇

ZHI WU PIAN

植物的分类

一、以植物茎的形态来分类

1.乔木

有一个直立主干、且高达5米以上的木本植物称为乔木。与低矮的灌木相对应，通常见到的高大树木都是乔木，如木棉、松树、玉兰、白桦等。乔木按冬季或旱季落叶与否又分为落叶乔木和常绿乔木。

2.灌木

主干不明显，常在基部发出多个枝干的木本植物称为灌木，如玫瑰、龙船花、映山红、牡丹等。

3.亚灌木

为矮小的灌木，多年生，基部木质化，上部草质，每年仅上部枯死的植物。如长春花、决明等。

4.草本植物

草本植物茎含木质细胞少，全株或地上部分容易萎蔫或枯死，如菊花、百合、凤仙等。又分为一年生、二年生和多年生草本。

5.藤本植物

茎长而不能直立，靠倚附他物而向上攀升的植物称为藤本植物。藤本植物依茎的性质又分为木质藤本和草质藤本两大类，常见的紫藤为木质藤本。

藤本植物依据有无特别的攀援器官又分为攀缘性藤本，如瓜类、豌豆、薜荔等具有卷须或不定气根，能卷缠他物生长；缠绕性藤本，如牵牛花、忍冬等，其茎能缠绕他物生长。

二、以植物的生态习性来分类

1.陆生植物

生于陆地上的植物。

2.水生植物

指植物体全部或部分沉于水的植物，如荷花、睡莲等。

3.附生植物

植物体附生于他物上，但能自营生活，不需吸取支持者的养料为生的植物，如大部分热带兰。

4.寄生植物

寄生于其他植物上，并以吸根侵入寄主的组织内吸取养料为自己生活营养的一部分或全部的植物，如桑寄生、菟丝子等。

5.腐生植物

生于腐有机质上，没有叶绿体的植物，如菌类植物、水晶兰等。

三、以植物的生活周期来分类

1.一年生植物

植物的生命周期短，由数星期至数月，在一年内完成其生命过程，然后全株死亡，如白菜、豆角等。

2.二年生植物

于第一年种子萌发、生长，至第二年开花结实后枯死的植物，如甜菜。

3.多年生植物

生活周期年复一年，多年生长，如常见的乔木、灌木都是多年生植物。另外还有些多年生草本植物，能生活多年，或地上部分在冬天枯萎，来年继续生长和开花结实。

温度对植物生长的影响

植物只有在一定的温度范围内才能够生长。温度对生长的影响是综合的，它既可以通过影响光合、呼吸、蒸腾等代谢过程，也可以通过影响有机物的合成和运输等代谢过程来影响植物的生长，还可以直接影响土温、气温，通过影响水肥的吸收和输导来影响植物的生长。由于参与代谢活动的酶的活性在不同温度下有不同的表现，所以温度对植物生长的影响也具有最低、最适和最高温度三基点。植物只能在最低温度与最高温度范围内生长。虽然生长的最适温度，就是指生长最快的温度，但这并不是植物生长最健壮的温度。因为在最适温度下，植物体内的有机物消耗过多，植株反倒长得细长柔弱。因此在生产实践上培育健壮植株，常常要求低于最适温度的温度，这个温度称协调的最适温度。

不同植物生长的温度三基点不同。这与植物的原产地气候条件有关。原产热带或亚热带的植物，温度三基点偏高，分别为10℃、30℃~35℃、45℃；原产温带的植物，温度三基点偏低，分别为5℃、25℃~30℃、35℃~40℃；原产寒带的植物生长的温度三基点更低，北极的或高山上的植物可在0℃或0℃以下生长，最适温度一般很少超过10℃。

同一植物的温度三基点还随器官和生育期而异。一般根生长的温度三基点比芽的低。例如苹果根系生长的最低温度为10℃，最适温度为13℃~26℃，最高温度为28℃。而地上部分的均高于此温度。在棉花生长的不同生育期，最适温度也不相同，初生根和下胚轴伸长的最适温度在种子萌发时为33℃，但几天后根下降为27℃，而下胚轴伸长上升为36℃。多数一年生植物，从生长初期经开花到结实这3个阶段中，生长最适温度是逐渐上升的，这种要求正好同从春到早秋的温度变化相适应。播种太晚会使幼苗过于旺长而衰弱，同样如果夏季温度不够高，也会影响生长而延迟成熟。

人工气候室的实验资料证明，在白天温度较高，夜晚温度较低的周期变化中，植物的营养生长最好。如番茄植株在日温为26℃、夜温为20℃的昼高夜低的温差下，比昼夜25℃恒温条件下生长得更快。在自然条件下，也具有日温较高和夜温较低的周期变化。植物对这种昼夜温度周期性变化的反应，称为生长的温周期现象。

日温较高夜温较低能促进植物营养生长的原因，主要是白天温度较高，在强光下有利于光合速率的提高，为生长提供了充分的物质；夜温降低，可减少呼吸作用对有机物的消耗。此外，较低的夜温有利于根的生长和细胞分裂素的合成，因而也提高了整株植物的生长速率。在温室或大棚栽培中，要注意改变昼夜温度，使植物在自然条件下，水分、矿质、光照、温度等因素对植物生长的影响是交叉、综合的影响。首先各环境因子之间有相互影响。例如阴雨天、光照暗淡、气温下降、土壤水分增加、土壤通气不良等反应会连锁地发生，影响植物生长。其次各环境因子作用于植物体，又与生命活动是密切相关的，它们还会相互影响。例如光照促进光合，光合会影响蒸腾，蒸腾又会影响水分的供应。它们彼此之间既有相互促进又有相互制约。在农业生产上，要注意各种环境条件对生长的个别生理活动的特殊作用，又要运用一分为二的观点，抓住主要矛盾，采取合理措施，才能适当地促进和抑制植物的生长，达到栽培的目的。

生态环境的"报警器"和"净化器"——绿色植物

绿色植物对生态环境的监测和净化起着非常重要的作用。在"环境污染日益严重"的惊呼声中，绿色植物起着"报警器"的作用。在低浓度、很微量污染的情况下，人是感觉不出来的，而一些植物则会出现受害症状。人们据此来观测与掌握环境污染的程度、范围及污染的类别和毒性强度，进而采取相应的措施和对策，及时提出治理方案，防止污染对人体健康的危害。

如当你发现在潮湿的气候条件下，苔藓枯死，雪松呈暗竭色伤斑，棉花叶片发白，各种植物出现"烟斑病"等，这是SO_2污染的迹象。菖蒲等植物出现浅褐色或红色的明显斑点，是氮氧化物中毒的不祥之兆。假如丁香、垂柳萎靡不振，出现"白斑病"，说明空气中有臭氧污染（实验测得，臭氧浓度超过0.08～0.09ppm时，会使植物出现褐斑，继而变黄，最后褪成白色，叫作植物"白斑病"。臭氧浓度达0.11ppm以上时，则100%植物发病）。要是秋海棠、向日葵突然发出花叶，多半是讨厌的Cl_2在作怪。

绿色植物是空气天然的"净化器"，它可以吸收大气中的CO_2、SO_2、HF、NH_3、Cl_2及汞蒸气等。据统计，全世界一年排放的大气污染物有6亿多吨，其中约有80%降到低空，除部分被雨水淋洗外，大约有60%是依靠植物表面吸收掉，如1公顷柳杉可吸收60千克SO_2。许多植物在它能忍受的浓度下，可以吸收一部分有毒气体。例如，空气中出现SO_2污染，广玉兰、银杏、中国槐、梧桐、樟树、杉、柏树、臭椿纷纷出动来吸收；若发现Cl_2污染，油松、夹竹桃、女贞、连翘一起去迎战；发现HF污染，构树、杏树、郁金香、扁豆、棉花、西红柿一马当先吸收之；洋槐、橡树专门对付光化学烟雾。

此外，树木还能吸收土壤中的有害物质。施用农药及用污水、污泥作肥料，会污染土壤继而污染了农作物，如粮食蔬菜内有残留的有机氯会转移到人体内，而树木可吸收土壤中的有机氯，净化土壤。

"断肠草"的奥秘

据文献记载，神农尝百草，就是因为误尝断肠草而死。其实，此断肠草又名钩吻，还称胡蔓藤、大茶药、山砒霜、烂肠草等。它全身有毒，尤其根、叶毒性最大。此断肠草主要分布在浙江、福建、湖南、广东、广西、贵州、云南等省份，它喜欢生长在向阳的地方。

人常常将钩吻误认为金银花而误食。其实，金银花黄白相间，而且花比钩吻花要长得多。"如果在这些地方看到类似的植物就一定要注意了，以防误食，因为误食钩吻而中毒的案例已经不在少数。"

很早以前，断肠草就已经被人们认识并应用。李时珍《本草纲目》记载："断肠草"人误食其叶者死。李时珍所说的"断肠草"就是钩吻。

钩吻毒素的作用机理主要表现在抗炎症、镇痛等方面，钩吻毒素有显著的镇痛作用和加强催眠的作用。目前，钩吻的药用价值已在我国许多领域广泛应用。钩吻的成分对于治疗顽癣、疮肿毒、疥癣都一定疗效。

在传统的中医药里面，有很多异物同名的现象存在。在古代，人们往往把服用以后能对人体产生胃肠道强烈毒副反应的草药都叫作断肠草，据有关资料可以查到的，"断肠草"至少是10个以上中药材或植物的名称，而非专指某一种药。

雷公藤原植物属于卫矛科，其毒性是比较大的，如误服雷公藤嫩芽、叶、茎等也都会中毒。其表现也为恶心、呕吐、腹痛、腹泻，还会导致对消化道、心血管、神经系统及泌尿系统的直接损伤。

此外，人们所熟知的中药，毛茛科的乌头、瑞香科狼毒、大戟科的大戟等，在古代都因其具有明显的毒性而有"断肠草"的名称，其原植物或生药材若不加以严格的科学炮制，而直接内服的话，也都有可能导致人的生命危险。

2005年底，广东省韶关市曲江区某职业学院的3名学生在登山途中采摘回一丛鲜嫩的"金银花"。回到宿舍后，便将采来的"金银花"用滚烫的开水泡水喝，并邀请舍友同学一起品尝。不料10多分钟后，9名服用"金银花"水的学生接连出现中毒症状，虽及时送到医院抢救，但仍有一人于当晚死亡，经初步检验，误食的"金银花"实为剧毒断肠草。

专家介绍，一般情况下，误服钩吻后，10分钟内就会表现有恶心、呕吐的症状，半个小时后就开始出现腹痛、抽筋、眩晕、言语含糊不清、呼吸衰竭、昏迷等症状。一旦发现类似情况，就应及时就诊，如果时间紧迫，可以先给误服钩吻者灌一些鹅血、鸭血、羊血，这在临床上已经证明有一定的疗效。目前对于钩吻中毒的治疗还没有什么特效疗法，只有一些常规的洗胃、导泻、利尿、活性炭吸附毒物等方法。误食断肠草可能会导致肠子黏连，腹痛不止，至于断肠草断肠的说法毕竟还是传说。

水生植物的呼吸

水环境与陆地环境迥然不同。水环境具有流动性、温度变化平缓、光照强度弱、含氧量少等特点。水生植物在长期演化过程中，形成了许多与水环境相适应的形态结构，因而能够繁衍自己，并在整个植物类群中占据着一定的位置。

在水生植物新的或是旧的根内部，通常都会有纵向的细胞空隙，称为通气组织，通气组织可在根、匍匐根、茎或是叶柄中都可出现。通气组织可分为两种：一种借由分开皮层或是周皮间的细胞，来增加空隙；另一种是借由溶解部分的细胞而形成的通气组织。各种植物的通气组织不尽相同，有其特定的分类方式。

水环境的光照强度微弱，所以水生植物的叶片通常较薄，有的叶片细裂如丝或是呈线状，有的呈带状，有的叶子宽大呈透明状，叶绿体不仅分布在叶肉细胞中，还分布在表皮的细胞内，并且叶绿体能够随着原生质的流动而向迎光面，这样就可以有效地利用水中的微弱光照进行光合作用。

　　水生植物体细胞间隙很大，巨大的空腔构成连贯的系统并充满空气，既可供应生命活动需要，又能调节浮力。

树木长寿的秘密

　　一些古树活到成千上万年。它们为什么能这样长寿呢？原来树木有推迟衰老的特殊本领：自己能让全身所有的活细胞一批批地彻底更新，而且更新（细胞分裂）的次数无限；由于其机体的结构特殊（便于细胞生、死、弃）和不断地进行彻底更新，因此树木的机体能够保持有条不紊，这样就使得树木不易衰老，有可能活到千年、万年。别的动、植物个体只能让体内部分的活细胞更新（不彻底的更新），或者根本不更新，因此它们的寿命被体内不作更新的细胞的寿命限制住了——最多活二三百岁。

　　那么树木全身所有的活细胞是怎样一批一批地彻底更新并让机体保持有条不紊的呢？

　　树皮茎里一层是形成层。它不断分别向外和向内分裂出两种新细胞。向外生长出来的是新的韧皮部细胞，韧皮部是树皮的内层，由活细胞组成，内含运输有机养料的筛管。过一段岁月，衰亡了的韧皮部细胞被向外顶，死细胞（只剩下细胞壁）组成树皮外层——保护组织。树皮最外层被遗弃：慢慢剥落或烂掉。由于树干的加粗，树皮外层逐渐胀裂开，裂成许多竖的和斜的裂口，树干内的活细胞通过这些裂口（皮孔）跟外界交换气体。树干内所有的活细胞（包括木质部的活细胞）围成了比树干稍细的活细胞管状层。它们只能生长在紧靠树皮外层的位置。不管树干有多么粗，活细胞管状层也不允许太厚，否则内层的活细胞会无法跟外界交换气体。

　　形成层向内生长出新的木质部细胞，每年使年轮增加一圈。木质部衰老而死亡了的细胞，变化成上下相通的导管和管胞，输送水分和无机盐，并且起支撑作用。树干中间（都是可以遗弃的死细胞）即使被蛀空、烂空（但必须保留着足够的形成层和木质部），树木也能正常地活下去，这种空心古树很多。如美国加利福尼亚州莱顿维尔的树屋公园里，有一棵著名的巨大的红杉树，树龄4000多年，树干的空树肚内已被布置成面积约为52.7平方米的活树层。

许多空心古树（其中有些是抑菌杀虫力强的空心古树，如樟树、红杉树等）的存在，说明了各种树木的树心部分可以遗弃。被遗弃的木质部，若未糟朽，则对树体有益；若糟朽得过多并且未去除，则对树体有害。

树干内，由形成层开始，向内和向外一圈圈细胞分生、成长、衰老、死亡、遗弃。向内和向外可分为生、死、弃3个细胞层（死细胞层和弃的细胞层之间无分界面）。生细胞层和死细胞层各行其职。每一个细胞逐步生、死、弃，逐步远离形成层。形成层渐渐向外围方向扩大——渐渐迁移到新的位置。由于树干内部各层细胞、各个组织生长、安排得如此合理，因此即使树木活到10000岁，树干内各个组织也始终规则而有序，始终有足够的通畅的输导管。

树根，和树干一样，也有形成层和内外两个方向生、死、弃的结构，也有筛管和导管（或管胞）。根的横切面同样有年轮，也逐渐加粗。因此树根和树干一样，它们的活细胞同样能够有条不紊地一代一代地彻底更新。

不言而喻，茎的分枝、小茎、小根和树干是同样的结构，所以这些部分的活细胞，同样能够不断地彻底更新；而且老的老了，还可以另外长出新的小根、小茎。树叶、花、根毛等部分，都是老的死了，另长新的，它们比树干还容易进行彻底更新。总之，树木全身各个器官（包括根、茎、叶、花等）的活细胞都能够一批批重生、一批批彻底地死和弃，因而各种树木的老死寿命特别漫长。

森林里树木都很直

如果请你画一棵树，你一定会画得枝干纵横，叶子稠密，树冠团团地像个宝塔，也许还长条拂地，迎风摇曳呢。的确画得不坏，随便到哪里去看看，树木不是都长得这样吗？

倘使有人也画树，但他画的树又高又直，没有纵横的枝条，只在顶上有那么一小段长着树枝和树叶，看去仿佛在一根电线杆顶上扎了一把伞。你可能会看得哈哈大笑，这还像树吗？

可是别笑，大自然中，也有这样的树。要是只有云杉、红松、杉树、松树等组成的原始的纯针叶林，那么，在你眼前的，就只有一根根粗大的木柱子，非要你仰起头来，才能看到枝叶，而这些树木的枝叶，就只有小小的一簇，盘踞在高高的树顶上，跟你看见要笑的那张画上的怪树一样。

这是怎么一回事呢？是谁把它们的枝条砍得那么光光的呢？其实谁也没有来砍过这些树的枝条，这些枝条是树木本身落掉的。原来，树木的生长，首先必须依靠阳光。哪一棵树能够在没有阳光的照射下，长久地生存下去呢？许多树木挤在一起生长时，得到阳光的机会，自然比单独生长的树木少，但是生存是一切生物的第一要求，于是树木都争先恐后地向上长，都想多得一些阳光。然而在一定面积上，阳光给予的能量是有限制的，这就使得树木不得不改变它的生长状况，以适应自然环境。

在众树密处的森林里，大量的枝叶既影响通风，又得不到充足的阳光，因而不能给树身制造养料，在消耗了枝叶本身的养料以后，就自然而然地枯死了，掉落了。这种现象叫作森林的自然整枝。

可是树顶部分的枝叶，在同其他树木作了竞争以后，大家均匀地长到相差不多的高度，在那样的高处，有着充足的阳光照射，根部又源源不断地送来水分与无机盐，使它紧张地制造着整棵树所需要的养料，因此这一部分生命力强，长得很好。

一定的自然环境，往往会赋予各种植物以一定的外形（生活型）。森林里的树木，大都长得很直，而且只有树梢一段有树枝和树叶，也是森林的自然环境造成的，如果让它享有充分的阳光，有足够发展的空间，它就决不会是那样了。

水生植物的生存绝招

水生植物长期生活在多水的环境中，因此如何在水中生长，如何获得足够的阳光与空气，如何在水中开花结果，就成为它们最重要的生存课题。

沉水叶整个沉浸在水里，完全与空气隔绝，阳光也十分不足，因此便以细细的线形或分裂成羽毛状的叶形，来吸收较多的气体以及阳光，而且也可以减少水流的冲击。与沉水叶外形大异奇趣的，是浮叶性植物的浮水叶。它们平贴在水面上，没有空气和阳光不足的问题，但却必须时时平稳地维持在水面，因此叶片多半呈圆形或椭圆形。

有些水生植物并没有根，而以由叶变化而来的变态叶来取代根的功能，这是水生植物特有的演化结果。比起陆地，水中所存有的空气十分稀少，为了适应这种环境，有些水生植物叶柄或叶背的部分会膨大形成气室，用来储存空气。不仅如此，这些气室还能增加浮力，方便在水面漂浮，因此又称为浮水囊。常见的布袋莲、菱角、水鳖或水禾等叶片，都有这样特别的构造。

为了吸收更多的气体，除在叶片的部分长出浮水囊外，水生植物茎的内部也充满了气洞（气室），同样能够储存空气，增加浮力。最容易观察到的茎部气洞，就是荷花的地下茎——莲藕。很多水生植物的根，主要是用来固定植株的，甚至有些水生植物连根都没有（如槐叶萍）。为了适应潮湿多水的环境，一些水生植物的根还发展出不定根、支持根、呼吸根。

许多水生植物虽然生活在水中，却会把花伸出水面，借助昆虫或风力来进行异花授粉。

微生物与菌类植物篇

WEI SHENG WU YU JUN LEI ZHI WU PIAN

大肠杆菌

革兰氏阴性短杆菌，大小0.5×（1~3）微米。周身鞭毛，能运动，无芽孢。能发酵多种糖类产酸、产气，是人和动物肠道中的正常栖居菌，婴儿出生后即随哺乳进入肠道，与人终身相伴，其代谢活动能抑制肠道内分解蛋白质的微生物生长，减少蛋白质分解产物对人体的危害，还能合成维生素B和维生素K，以及有杀菌作用的大肠杆菌素。正常栖居条件下不致病。但若进入胆囊、膀胱等处可引起炎症。在肠道中大量繁殖，几占粪便干重的1/3。兼性厌氧菌。在环境卫生不良的情况下，常随粪便散布在周围环境中。若在水和食品中检出此菌，可认为是被粪便污染的指标，从而可能有肠道病原菌的存在。因此，大肠菌群数（或大肠菌值）常作为饮水和食物（或药物）的卫生学标准（国家规定，每升饮用水中大肠杆菌数不应超过3个）。

大肠杆菌的抗原成分复杂，可分为菌体抗原（O）、鞭毛抗原

（H）和表面抗原（K），表面抗原有抗机体吞噬和抗补体的能力。根据菌体抗原的不同，可将大肠杆菌分为150多型，其中有16个血清型为致病性大肠杆菌，常引起流行性婴儿腹泻和成人腹膜炎。

大肠杆菌是人和许多动物肠道中最主要且数量最多的一种细菌，主要寄生在大肠内。它侵入人体一些部位时，可引起感染，如腹膜炎、胆囊炎、膀胱炎及腹泻等。人在感染大肠杆菌后的症状为胃痛、呕吐、腹泻和发热。感染可能是致命性的，尤其是对孩子及老人。大肠杆菌能够导致以下疾病：

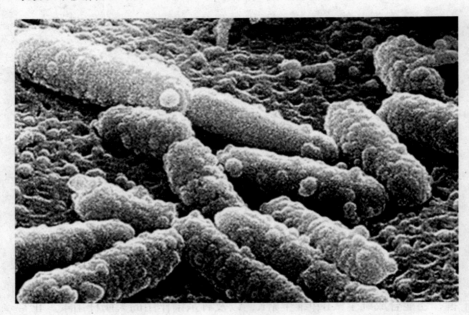

1.肠道外感染

多为内源性感染，以泌尿系感染为主，如尿道炎、膀胱炎、肾盂肾炎。也可引起腹膜炎、胆囊炎、阑尾炎等。婴儿、年老体弱、慢性消耗性疾病、大面积烧伤患者，大肠杆菌可侵入血流，引起败血症。早产儿，尤其是生后30天内的新生儿，易患大肠杆菌性脑膜炎。

2.急性腹泻

某些血清型大肠杆菌能引起人类腹泻。其中肠产毒性大肠杆菌会引起婴幼儿和旅游者腹泻，出现轻度水泻，也可呈严重的霍乱样症状。腹泻常为自限性，一般2～3天即愈，营养不良者可达数周，也可反复发作。肠致病性大肠杆菌是婴儿腹泻的主要病原菌，有高度传染性，严重者可致死。细菌侵入肠道后，主要在十二指肠、空肠和回肠上段大量繁殖。此外，肠出血性大肠杆菌会引起散发性或暴发性出血性结肠炎，可产生志贺氏毒素样细胞毒素。患者可能出现各种症状，包括严重的水泻、带血腹泻、发烧、腹绞痛及呕吐。情况严重时，更可能并发急性肾病。5岁以下的儿童出现该等并发症的风险较高。若治疗不当，可能会致命。

该种疾病可通过饮用受污染的水或进食未熟透的食物（特别是汉堡扒及烤牛肉）而感染。饮用或进食未经消毒的奶类、芝士、蔬菜、果汁及乳酪而染病的个案亦有发现。此外，若个人卫生欠佳，亦可能会通过人传人的途径，或经进食受粪便污染的食物而感染该种病菌。大肠杆菌如何预防呢？预防大肠杆菌感染的方法有以下几点：

（1）保持地方及厨房器皿清洁，并把垃圾妥为弃置。

（2）保持双手清洁，经常修剪指甲。

（3）进食或处理食物前，应用肥皂及清水洗净双手，如厕或更换尿片后亦应洗手。

（4）食水应采用自来水，并最好煮沸后才饮用。

（5）应从可靠的地方购买新鲜食物，不要光顾无牌小贩。

（6）避免进食高危食物，例如未经低温消毒法处理的牛奶，以及未熟透的汉堡扒、碎牛肉和其他肉类食品。

（7）烹调食物时，应穿清洁、可洗涤的围裙，并戴上帽子。

（8）食物应彻底清洗。

（9）易腐坏食物应用盖盖好，存放于雪柜中。

（10）生的食物及熟食，尤其是牛肉及牛的内脏，应分开处理和存放（雪柜上层存放熟食，下层存放生的食物），避免交叉污染。

（11）雪柜应定期清洁和融雪，温度应保持于4℃或以下。

（12）若食物的所有部分均加热至75℃，便可消灭大肠杆菌O157:H7；因此，碎牛肉及汉堡扒应彻底煮至75℃达2～3分钟，直至煮熟的肉完全转为褐色，而肉汁亦变得清澈。

（13）不要徒手处理熟食；如有需要，应戴上手套。

（14）食物煮熟后应尽快食用。

（15）如有需要保留吃剩的熟食，应该加以冷藏，并尽快食用。食用前应彻底翻热。变质的食物应该弃掉。

引起脚气的真菌

脚气是足癣的俗名。有的人把"脚气"和"脚气病"混为一谈，这是不对的。医学上的"脚气病"是因维生素B缺乏引起的全身性疾病，而"脚气"则是由真菌（又称毒菌）感染所引起的一种常见皮肤病。洗脚盆及擦脚毛巾应分别使用以免传染他人。足癣如不及时治疗，有时可传染至其他部位，如引起手癣和甲癣等，有时因为痒被抓破，继发细菌感染，会引起严重的并发症。

日常生活注意：1.穿通风、透气的棉质袜，每天更换清洗。2.避免穿胶鞋或不透气之球鞋，最好要有两双鞋换穿，凉鞋是最好的选择。3.不与他人共穿鞋、拖鞋及袜子。4.脚底、趾间痒尽量不要用手抓，防传染于手指。5.治疗勿自动停药，通常应在自觉好了后，继续用药数周，最好是能作霉菌检查及培养，连续3星期都是阴性才算治愈。

听到许多脚气患者抱怨，得了脚气后，治了几次都不能痊愈，总是过一段时间就会复发。脚气之所以会反复发作，主要有4点原因：

（1）真菌很难被杀灭，在零下6℃左右的环境里能长期存活；在120℃的高温中，10分钟内不会死亡；在脱离活体的毛发、指（趾）甲、皮屑等上面，毒性还可以保持1年以上。

（2）有些脚气患者使用抑制真菌的药物治疗，当症状稍有好转后便停止用药，其实真菌并没有被彻底杀灭，过一段时间又会"卷土重来"，造成"复发"。

（3）一些患者在治愈后，由于不注意，与其他脚气患者共用拖鞋、盆、毛巾等物品，或是在游泳池等特定场合又接触了真菌，就可能又得脚气，这叫作"再感染"。

（4）有些患者得病后不去正规医院皮肤科就诊，自己买点消炎药涂上了事，这样做虽然可以暂时止痒，造成疾病好转的假象，但没有抗真菌效果，病菌不能被杀死，反而会更加猖獗，还会干扰甚至阻止局部免疫反应。

非典病毒

造成全球非典灾难的病毒为冠状病毒，该类病毒感染脊椎动物，与人和动物的许多疾病有关，具有胃肠道、呼吸道和神经系统的嗜性。代表株为禽传染性支气管炎病毒。还有人冠状病毒、鼠肝炎病毒、猪血凝性脑脊髓炎病毒、猪传染性胃肠炎病毒、初生犊腹泻冠状病毒、大鼠冠状病毒、火鸡蓝冠病毒、猫传染性腹膜炎病毒等。

人冠状病毒是引起人类上呼吸道感染的病原，常引起成人的普通感冒。儿童的冠状病毒感染并不常见。但是，5～9岁儿童有50%可检出中和抗体，成人中70%中和抗体阳性。冠状病毒感染分布在全世界各个地区，我国以及英国、美国、德国、日本、俄罗斯、芬兰、印度等国均已发现本病毒的存在。

在美国华盛顿D.C.地区，连续4年的血清流行病学研究表明，冠状病毒占成人上呼吸道感染的10%～24%。在美国密执安州的一次家庭检查，证明冠状病毒可以感染各个年龄组，0～4岁占29.2%，40岁以上占22%，在15～19岁年龄组发病率最高。这与其他上呼吸道病毒的流行情况不尽相同，例如呼吸道合胞病毒，大多随着年龄的增加而发病率降低。冠状病毒也是成人慢性气管炎患者急性加重的重要病原。

据科学家研究，2003年引发非典蔓延的SARS病毒属于一种新的冠状病毒，一种RNA病毒，它与现在已有的冠状病毒比较结果显示，其核苷酸水平的相似性极差。当RNA病毒（比如HIV病毒和流行性感冒病毒）在活细胞内迅速增殖（基因组复制和病毒体装配）时，它们可以在短期内较容易地在不同组织中改变其遗传结构，变异性极强。SARS就是传染性非典型肺炎，全称严重急性呼吸综合症，简称SARS，是一种因感染SARS相关冠状病毒而导致的以发热、干咳、胸闷为主要症状，严重者出现快速进展的呼吸系统衰竭，是一种新的呼吸道传染病，传染性极强、病情进展快速。

主要传染途径：

传染源：目前的研究显示非典型肺炎患者、隐性感染者是非典型肺炎明确的传染源。传染性可能在发热出现后较强，潜伏期以及恢复期是否有传染性还未见准确结论。2003年5月13日，日本冲绳生物资源学院的科学家发现，导致严重性急性呼吸系统综合症的作用因子是一种鸟类病毒的变异形式。但动物是否是传染源，目前来说仍有争议。

传播方式：SARS主要传播方式是通过人与人的近距离接触，近距离的空气飞沫传播、接触病人的呼吸道分泌物和密切接触等。另一种可能性是SARS可以透过空气或目前不知道的其他方式被更广泛的传播。

易感人群：因为SARS病毒是一种新型的冠状病毒，以往未曾在人体发现。所以不分年龄、性别，人群对该病毒普遍易感。发病概率的大小取决于接触病毒或暴露的机会多少。高危人群是接触病人的医护人员、病人的家属和到过疫区的人。

结核杆菌

结核分枝杆菌，俗称结核杆菌，是引起结核病的病原菌。可侵犯全身各器官，但以肺结核为最多见。结核病至今仍为重要的传染病。估计世界人口中1/3感染结核分枝杆菌。据WHO报道，每年约有800万新病例发生，至少有300万人死于该病。我国1949年前死亡率达200～300人/10万人，居各种疾病死亡原因之首，新中国成立后后人民生活水平提高，卫生状态改善，特别是开展了群防群治，儿童普遍接种卡介苗，结核病的发病率和死亡率大为降低。但应注意，世界上有些地区因艾滋病、吸毒、免疫抑制剂的应用、酗酒和贫困等原因，发病率又有上升趋势。

目前，全世界每天有8000人死于与结核病相关的疾病，结核病感染者达20亿，占全球人口的1/3，现有活动性肺结核病人2000万，每年新发结核病人800万～1000万，每年有300万人死于肺结核。

常见的肺结核病具有传染性，如痰中已查出结核杆菌的肺结核病人具有传染性。其传播有两个常见途径：咳嗽和尘埃。在肺结核病变中，这些结核菌随着被破坏的肺组织和痰液，通过细支气管、支气管、大气管排出体外。含有大量结核菌的痰液，通过咳嗽、打喷嚏、大声说话等方式经鼻腔和口腔喷出，在空气中形成气雾（或称为飞沫），较大的飞沫很快落在地面，而较小的飞沫很快蒸发成为含有结核菌的极微小的飘浮物——微滴核，长时间悬浮在空气中。如果空气不流通，含菌的微滴核就会被健康人吸入肺泡，就可能引起感染。而感染的量和是否发病，则与传染源排菌量的多少、咳嗽的频度、居住房子的通风情况、与病人接触的密切程度及自身抵抗力有关。这是最主要的传播方式。排菌病人的痰液吐在地上，干燥后与尘埃一起被风吹起，被人吸入后也可能导致感染，这是次要的传播方式。

军团菌

被称为现代社会"文明病"病的可致命细菌——"军团菌"，就是不为人们所了解的肺部感染疾病。1976年，美国退伍军人协会在费城一家旅馆参加年会后一个月，与会代表和附近居民中有221人得了一种酷似肺炎的怪病，其中34人相继死亡，病死率达15%，震惊美国医学界。直到1977年才发现致病原凶——嗜肺军团菌。世界卫生组织的资料表明，军团病呈世界性分布，一年四季都有。从本病发现至今，全球已发生50起暴发流行，应引起人们的高度重视。上海市疾病预防控制中心去年年末发布的监控检测表明，一种与感冒发烧症状很相似的"军团病"正在成为威胁我们的健康杀手之一。军团杆菌是一种特殊的细菌，主要寄生在中央空调的冷却水和管道系统中，可经通风口进入建筑的内部，袭击长期生活在装有中央空调环境内的市民，其中尤以写字楼的白领为多。随着春夏来临，气温升高和空调的使用，军团杆菌这个"杀手"正日益威胁着"都市白领"的健康和安全。

军团病是由嗜肺军团杆菌引起的以肺炎为主的急性感染性疾病，有时可发生暴发流行。军团菌广泛存在于水及土壤环境中，是机会致病菌，由空气传播，自呼吸道侵入，或由饮用水传播，人体在免疫力下降时易感染发生疾病。据专家介绍，患上军团病的患者多以呼吸道感染为主，表现为高烧寒颤、咳嗽、胸痛、呼吸困难及腹泻等，其症状与其他病原菌引起的一般肺炎非常相似。此病之所以危险，还因为它的诊断有一定的难度，因为要明确诊断必须对患者痰液做7天以上的培养。

以统计数据来看，常在饭店和写字楼的人群军团杆菌感染率为9.9%，一般人群不过3.5%，故而患上"军团"病的概率一般较低，可一旦患上军团杆菌肺炎将是非常可怕的事情。此病在没有免疫缺陷的正常人中，死亡率为30%，经过治疗后死亡率可降低为5%。但如果是有免疫缺陷的人，该数字将激升至70%。军团杆菌肺炎与普通肺炎不同之处是它绝对不会自然康复。如果患者在早期不重视或者是治疗、用药不规范，1~7天内就可能会死亡。

要预防军团病的发生和流行，我们不妨从了解病菌产生的原因入手。军团菌可从土壤和河水中分离出病菌，它在自来水中可存活1年左右，在蒸馏水中存活2~4个月。医学家们最初是从自来水龙头和贮水槽里的水样中分离出此菌的。研究数据表明：不经常使用的水管和停用一夜的水龙头里的残留水，会有军团菌的大量繁殖，高温高湿度是促发的诱因。据军团病研究及检测评价机构的专家介绍：军团病的病原菌大多生存在浴室、淋浴、喷泉、加湿器的冷热水管道系统等多种外环境水系统中，是军团病感染的主要传染菌。而水流停滞、水中沉积物等原因又促进了军团菌的繁殖生长，从而增加了该病感染的机会。空调系统的冷水及湿润器、喷雾器内的水都可受到本菌污染，并通过带水的飘浮物或细水滴的形成，从空气传播本病。在医院和旅馆等处曾多次从供水系统内分离出致病菌，并引起了军团病的发生。

军团病的防治措施：

首先要对军团菌主要滋生地——中央空调系统和冷热水系统进行日常处理，"包括定期清洗空调冷却塔及管道，减少淤泥及沉积物形成"；此外是要保证空调系统注入水的洁净，保持热水系统水温60℃以上，避免使用长期贮存水。"最重要的是对大型建筑物的中央空调系统，要定期使用军团菌敏感的消毒抑菌剂，保证有效抑制军团菌繁殖生长。"而宾馆、写字楼等经常使用中央空调的单位更应该定期到相关的卫生机构对中央空调和冷热水进行检测，一旦发现军团菌检测阳性和浓度超标，就应当立刻采取有效的消毒措施。

艾滋病毒

人类免疫缺陷病毒（Human Immunodeficiency Virus，HIV），顾名思义它会造成人类免疫系统的缺陷。1981年，人类免疫缺陷病毒在美国首次发现。它是一种感染人类免疫系统细胞的慢病毒（Lentivirus），属反转录病毒的一种，是至今无有效疗法的致命性传染病毒。该病毒破坏人体的免疫能力，导致免疫系统的失去抵抗力，而导致各种疾病及癌症得以在人体内生存，发展到最后，导致艾滋病（获得性免疫缺陷综合征）。

该病毒在世界范围内导致了近1200万人的死亡，超过3000万人受到感染。在感染后该病毒会整合入宿主细胞的基因组中，而目前的抗病毒治疗并不能将病毒根除。在2004年底，全球有约4000万被感染并与人类免疫缺陷病毒共同生存的人，流行状况最为严重的仍是撒哈拉以南非洲，其次是南亚与东南亚，但该年涨幅最快的地区是东亚、东欧及中亚。

人类免疫缺陷病毒直径约120纳米，大致呈球形。艾滋病毒的特点如下：

1.主要攻击人体的T淋巴细胞系统。

2.一旦侵入机体细胞，病毒将会和细胞整合在一起终生难以消除。

3.病毒基因变化多样。

4.广泛存在于感染者的血液、精液、阴道分泌物、唾液、尿液、乳汁、脑脊液、有神经症状的脑组织液，其中以血液、精液、阴道分泌物中浓度最高。

5.对外界环境的抵抗力较弱，对乙肝病毒有效的消毒方法对艾滋病病毒消毒也有效。

6.感染者潜伏期长，死亡率高。

7.艾滋病病毒的基因组比已知任何一种病毒基因都复杂。

HIV感染者是传染源，传播途径：

1.性传播：通过同性恋之间及异性间的性接触感染。

2.血液传播：通过输血、血液制品或没有消毒好的注射器传播，静脉嗜毒者共用不经消毒的注射器和针头造成严重感染，我国云南边境静脉嗜毒者感染率达60%。

3.母婴传播：包括经胎盘、产道和哺乳方式传播。

艾滋病毒存活情况：

在室温下，液体环境中的HIV可以存活15天，被HIV污染的物品至少在3天内有传染性。近年来，一些研究机构证明，离体血液中HIV的存活时间决定于离体血液中病毒的含量，病毒含量高的血液，在未干的情况下，即使在室温中放置96小时，仍然具有活力。即使是针尖大小一滴血，如果遇到新鲜的淋巴细胞，艾滋病毒仍可在其中不断复制，仍可以传播。病毒含量低的血液，经过自然干涸两小时后，活力才丧失；而病毒含量高的血液，即使干涸2～4小时，一旦放入培养液中，遇到淋巴细胞，仍然可以进入其中，继续复制。所以，含有HIV的离体血液可以造成感染。但是HIV非常脆弱，液体中的HIV加热到56℃10分钟即可灭活。如果煮沸，可以迅速灭活；37℃时，用70%的酒精、10%漂白粉、2%戊二醛、4%福尔马林、35%异丙醇、0.5%来苏水和0.3%过氧化氢等消毒剂处理10分钟，即可灭活HIV。

灵　芝

灵芝又称灵芝草、神芝、芝草、仙草、瑞草，是多孔菌科植物赤芝或紫芝的全株。根据我国第一部药物专著《神农本草经》记载：灵芝有紫、赤、青、黄、白、黑6种，性味甘平。灵芝原产于亚洲东部，中国古代认为灵芝具有长生不老、起死回生的功效，视为仙草。灵芝一般生长在湿度高且光线昏暗的山林中，主要生长在腐树或是其树木的根部。灵芝一词最早出现在东汉张衡的《西京赋》中："浸石菌于重涯，濯灵芝以朱柯"。

灵芝主治虚劳、咳嗽、气喘、失眠、消化不良、恶性肿瘤等。动物药理实验表明：灵芝对神经系统有抑制作用，对循环系统有降压和加强心脏收缩力的作用，对呼吸系统有祛痰作用，此外，还有护肝、提高免疫功能及抗菌等作用。

世界上灵芝科的种类主要分布在亚洲、澳洲、非洲及美洲的热带及亚热带，少数分布于温带。地处北半球温带的欧洲仅有灵芝属的4种，而北美洲大约5种。我国地跨热带至寒温带，灵芝科种类多而分布广。

木　耳

木耳，别名黑木耳、光木耳。真菌学分类属担子菌纲，木耳目，木耳科。色泽黑褐，质地柔软，味道鲜美，营养丰富，可素可荤，不但为中国菜肴大添风采，而且能养血驻颜，令人肌肤红润，容光焕发，并有防治缺铁性贫血及其他药用功效。主要分布于黑龙江、福建、台湾、湖北、广东、广西、四川、贵州、云南等地。生长于栎、杨、榕、槐等120多种阔叶树的腐木上，单生或群生。目前人工培植以椴木的和袋料的为主。

银　耳

银耳，也叫白木耳、雪耳，有"菌中之冠"的美称。它既是名贵的营养滋补佳品，又是扶正强壮的补药。历代皇家贵族都将银耳看作是"延年益寿之品"、"长生不老良药"。银耳性平无毒，既有补脾开胃的功效，又有益气清肠的作用，还可以滋阴润肺。另外，银耳还能增强人体免疫力，以及增强肿瘤患者对放、化疗的耐受力。因此，在日常生活中，在煮粥、炖猪肉时可放一些银耳，这样即可以享受美食，又能滋补身体，一举两得。银耳中含有丰富的蛋白质维生素等，所以银耳粉有抗老去皱及紧肤的作用，常敷还可以去雀斑、黄褐斑等。质量上乘者称作雪耳。

竹　荪

竹荪是寄生在枯竹根部的一种隐花菌类，形状略似网状干白蛇皮，它有深绿色的菌帽，雪白色的圆柱状菌柄，粉红色的蛋形菌托，在菌柄顶端有一圈细致洁白的网状裙从菌盖向下铺开，整个菌体显得十分俊美。竹荪色彩鲜艳、稀有珍贵，被人们称为"雪裙仙子"、"山珍之花"、"真菌之花"、"菌中皇后"。竹荪营养丰富，香味浓郁，滋味鲜美，自古就列为"草八珍"之一。

元　蘑

元蘑是东北著名野生食用菌，它是蘑菇中仅次于猴头蘑的上品蘑。是极少数不能人工培育的食用菌之一。元蘑含有丰富的蛋白质、脂肪、糖类、钙、磷等营养成分，滋味鲜美，有较高的食用价值。其味道与海鲜相似，用元蘑做菜肴，荤素兼宜，有炒、炖、烩、烧等多种吃法，堪称"素中有荤"的山珍。经常食用具有加强肌体免疫、增强机体抵抗能力、益智开心、益气不饥、延年轻身等作用。元蘑入药，具有舒筋活络、强筋壮骨的功能，主治腰腿疼痛、手足麻木、筋络不舒等症。

榛 蘑

榛蘑是中国东北特有的山珍之一，是极少数不能人工培育的食用菌之一，是真正的绿色食品。榛蘑味道鲜美，榛蘑炖小鸡等榛蘑菜肴是东北人招待贵客的不可缺少的传统佳肴。榛蘑含有人体必需的多种氨基酸和维生素，经常食用可加强肌体免疫力、益智开心、益气补血、延年轻身等。榛蘑还可药用，可用来栽培名贵药材——天麻。还有一种草蘑和榛蘑相似，也是家庭食用的首选。

猴头蘑

猴头蘑也被称为猴头菇、猴头，因其形似猴头而得名，为名贵野生食用菌。猴头蘑肉白、细软，微有轻香，猴头做法也有很多种，烹调后味极鲜美，故将"猴头、燕窝、鲨鱼翅"列为山珍海味之首。猴头蘑含有大量蛋白质、脂肪、碳水化合物、氨基酸和多种维生素，能增强人体免疫力。猴头菌性味甘平，具有利五脏、助消化的功效，含有多肽、多糖和脂肪族酰等多种抗癌物质，有很好的增强机体免疫功能作用，对消化道癌肿有很好的疗效，并有利于手术后伤口愈合。

气象篇

QI XIANG PIAN

海市蜃景

蓬莱位于山东半岛的北部，面临渤海海峡，与长山列岛相峙，是个依山抱海的古城。蓬莱的出名，和蓬莱海市奇景有直接关系。从古至今，人们都在赞美蓬莱仙境。那么，蓬莱海市是怎么一回事？要解开这个谜，先要弄清楚什么是海市蜃楼？为什么会产生蜃景？

海市，也称海市蜃楼，如今气象学中统一名称为蜃景。蜃景是一种非常特殊的气候现象。因为它是一种十分少见的幻景，因而显得十分神秘。只要我们具有一般的物理常识，就不难解释产生蜃景的原因。当我们把筷子插入盛水的玻璃杯中后，会发现筷子像是被水折断似的。这个实验告诉我们，光线在穿过密度均匀的物质（介质）时，其传播方向和速度一般保持不变；当光线倾斜地穿过密度不同的两种介质时，在两种介质接触的地方，或者叫界面，不仅传播速度发生改变，而且行进的方向也发生偏折，这就是物理学中的光折射。当光线由密度较小的物质中射入密度较大的物质中，也就是说从疏介质进入密介质时，要向垂直于界面的法线方向偏折，即折射角小于入射角。反之，折射角会大于入射角。这就是光的折射规律。在大自然中，空气层的各部分密度是有差别的，在特殊情况下，这种密度差还很大，因此，发生光的折射和反射现象就非常正常了。

进入春季或者夏季，海水温度和陆地温度相差较大，在海风和海流的直接影响下，海面空气经常出现下冷上暖的现象，低层空气密度大，高层空气密度小。如果此时太阳光从海洋远处物体上反射出来，穿过空气密度不同的两个界面，就要发生光折射；当这种光线从上前方斜着映入人们的视线时，人们就会看到远方出现的物体幻影。蜃景是一种十分壮观奇丽的自然现象，"蓬莱仙境"就是这一气候现象的形象描述。当然，蜃景并非滨海独有，在沙漠、江河湖泊、山地丘陵等地都可能出现。

在国外，也有许多关于蜃景奇观的记载。1913年美国的一个探险队去寻找一座神秘的高地。这个高地是探险队中的一个成员在几天前发现的。探险队为了证实这个新发现，乘船驶过冰山海域，然后登上冰川，步行前进，直到探险队看到那个被称之为是新发现的大山时，景象慢慢改变了。最后，随着地球和太阳转动，探险队面前的景观消失得一干二净。高山化为乌有，留下的只是广阔无垠的冰山海洋。事后，探险队认识到，他们上了自然界的当，海市蜃楼骗了他们。在战争史上，也有蜃景的记录。1798年，拿破仑的军队在埃及沙漠中行进，茫茫沙漠中突然出现迷乱的景象，一会儿出现一个大湖，顷刻间又消失了。一会又是一片棕榈树林，转眼间又变成荒草的叶子。士兵们被弄糊涂了，以为世界末日来临，纷纷跪下祈求上帝来拯救自己。第一次世界大战时，在一次沙漠会战中，一队英国炮兵正在射击，突然间，射击目标变成了一座海市蜃楼，指挥官被眼前发生的一切弄得莫名其妙，不得不停止炮击。另一次，一位德国潜艇艇长通过潜望镜看到了美国纽约市，他以为自己指挥的潜艇跑错航线，进入美国海域，赶紧下令撤退。其实，这位艇长也是受了蜃景的欺骗。

雾　凇

雾凇俗称树挂，是一种冰雪美景。雾凇是寒冷北方冬季可以见到的一种类似霜降的自然现象，它其实也是霜的一种。

颗粒状霜晶称为雾凇，它是由冰晶在温度低于冰点以下的物体上形成的白色不透明的粒状结构沉积物。过冷水滴（温度低于零度）碰撞到同样低于冻结温度的物体时，便会形成雾凇。当水滴小到一碰上物体马上冻结时便会结成雾凇层或雾凇沉积物。雾凇层由小冰粒构成，在它们之间有气孔，这样便造成典型的白色外表和粒状结构。

由于各个过冷水滴的迅速冻结，相邻冰粒之间的内聚力较差，易于从附着物上脱落。被过冷却云环绕的山顶上最容易形成雾凇，它也是飞机上常见的冰冻形式，在寒冷的天气里，泉水、河流、湖泊或池塘附近的蒸雾也可形成雾凇。雾凇是受到人们普遍欣赏的一种自然美景，但是它有时也会成为一种自然灾害。严重的雾凇有时会将电线、树木压断，造成损失。

那么，为什么在吉林市的雾凇特别著名？原来，吉林市冬季气候严寒，清晨气温一般都低至零下20℃～零下25℃，尽管松花湖面上结了1米厚的坚冰，而从松花湖大坝底部丰满水电站水闸放出来的湖水却在零上4℃。这25℃～30℃的温差使得湖水刚一出闸，就如开锅般地腾起浓雾。这就是美丽的吉林雾凇得天独厚的原料来源。这种得天独厚条件形成的雾凇既奇厚又结构疏松，因而显得特别轻柔丰盈、婀娜多姿、美丽绝伦。

沙尘暴

沙尘暴是沙暴和尘暴两者兼有的总称，是指强风把地面大量沙尘物质吹起并卷入空中，使空气特别混浊，水平能见度小于100米的严重风沙天气现象。其中，沙暴系指大风把大量沙粒吹入近地层所形成的挟沙风暴；尘暴则是大风把大量尘埃及其他细粒物质卷入高空所形成的风暴。

　　非洲的撒哈拉沙漠、北美中西部和澳大利亚是沙尘暴天气的源地之一。亚洲沙尘暴活动中心主要在约旦沙漠、巴格达与海湾北部沿岸之间的下美索不达米亚、阿巴斯附近的伊朗南部海滨、稗路支到阿富汗北部的平原地带。我国西北地区由于独特的地理环境，也是沙尘暴频繁发生的地区，主要源地有古尔班通古特沙漠、塔克拉玛干沙漠、巴丹吉林沙漠、腾格里沙漠、乌兰布和沙漠及毛乌素沙漠等。

　　沙尘暴是一种风与沙相互作用的天气现象，即由于强风将地面沙尘吹起，使大气能见度急剧降低的灾害性天气。形成的原因是多种多样的，既有自然原因，也有人为原因，如地球温室效应、厄尔尼诺现象、森林锐减、植被破坏、物种灭绝、气候异常等因素。其中，人口膨胀导致的过度开发自然资源、过量砍伐森林、过度开垦土地是形成沙尘暴的主要原因，并加重了其强度和频度。

　　沙尘暴作为一种高强度风沙灾害，并不是在所有有风的地方都能发生，只有那些气候干旱、植被稀疏的地区，才有可能发生沙尘暴。

　　沙尘暴多发生在每年的4月～5月，以我国西北地区为例，每年此时，在太平洋上形成夏威夷高压，亚洲大陆形成印度低压，强烈的偏南风由海洋吹向陆地，控制大陆的蒙古高压开始由西向北移动，寒暖气流在此交汇，较重的西伯利亚寒流自西向东来势快，常形成大风。形成沙尘暴的风力一般8级以上，风速约每秒25米。此外，沙尘暴形成需要有充足的沙源，沙尘、沙粒能被风吹离地面。

　　我国西北地区深居内陆，森林覆盖率不高，大部分地表为荒漠和草原，沙荒地多，为沙尘暴的形成提供了条件。况且，当地居民掠夺性的破坏行为更加剧了这一地区的沙尘暴灾害。裸露的土地很容易被大风卷起形成沙尘暴甚至强沙尘暴。

　　在自然状态下，沙尘暴一般规模小。但由于人们乱垦草地和超载放牧，使大片草地变为荒地，加大了沙尘暴发生的频度和强度。20世纪30年代，美国在向西部大平原开发过程中，大量伐林毁草，致使大片草地沦为荒漠，导致了3次著名"黑风暴"的发生。据1934年席卷北美大陆的一次黑风暴事后估计，当时约有3亿吨沃土被吹走，其中芝加哥一天的降尘量达1242万吨。

沙尘暴的危害有很多：

1.人畜死亡、建筑物倒塌、农业减产。沙尘暴对人畜和建筑物的危害绝不亚于台风和龙卷风。1993年5月5日，我国西北4省曾发生一次特大沙尘暴，死亡85人，失踪31人，直接损失高达5.4亿元。1999年8月14日清晨开始，甘肃河西走廊的敦煌等地区发生中等强度的沙尘暴，瞬间风速达每秒14米，能见度在200~300米，飞沙走石，形如黄昏。近5年来，我国西北地区累计遭受到的沙尘暴袭击有20多次，造成经济损失12亿多元，死亡失踪人数超过200人。

2.大气污染、表土流失。沙尘暴降尘中至少有38种化学元素，它的发生大大增加了大气固态污染物的浓度，给起源地、周边地区以及下风向地区的大气环境、土壤、农业生产等造成了长期的、潜在的危害。特别是农作物赖以生存的微薄的表土被刮走后，贫瘠的土地将严重影响农作物的产量。

防治沙尘暴最主要的方法是增加地表植被覆盖。具体为植树种草，固结泥沙。新中国成立以来我国已建成的连结东北、华北和西北的三北防护林，以及在沙漠边缘植树种草等工程，对防治沙尘暴的发生起了重要作用。据地处陕西省北部的榆林市统计，多年植树种草的结果，使沙尘暴从20世纪50年代的每年66天减少到现在的每年5天。

"瑞雪兆丰年"的含义

"瑞雪兆丰年"是一句流传比较广的农谚，意思是说冬天下几场大雪，是来年庄稼获得丰收的预兆。为什么呢？

其一是保暖土壤，积水利田。冬季天气冷，下的雪往往不易融化，盖在土壤上的雪是比较松软的，里面藏了许多不流动的空气，空气是不传热的，这样就像给庄稼盖了一条棉被，外面天气再冷，下面的温度也不会降得很低。等到寒潮过去以后，天气渐渐回暖，雪慢慢融化，这样，非但保住了庄稼不受冻害，而且雪融下去的水留在土壤里，给庄稼积蓄了很多水，对春耕播种以及庄稼的生长发育都很有利。

其二是为土壤增添肥料。雪中含有很多氮化物。据观测，如果1升雨水中能含1.5毫克的氮化物，那么1升雪中所含的氮化物能达7.5毫克。在融雪时，这些氮化物被融雪水带到土壤中，成为最好的肥料。

其三是冻死害虫。雪盖在土壤上起了保温作用，这对钻到地下过冬的害虫暂时有利。但化雪的时候，要从土壤中吸收许多热量，这时土壤会突然变得非常寒冷，温度降低许多，害虫就会冻死。

所以说冬季下几场大雪，是来年丰收的预兆。

山洪灾害

山洪灾害是指由山洪暴发而给人类社会系统所带来的危害，包括溪河洪水泛滥、泥石流、山体滑坡等造成的人员伤亡、财产损失、基础设施损坏以及环境资源破坏等。

山洪灾害的种类主要有：1.溪河洪水：暴雨引起山区溪河洪水迅速上涨，是山洪一种最为常见的表现形式。由于溪河洪水具有突发性、水量集中、破坏力大等特点，常冲毁房屋、田地、道路和桥梁，甚至可能导致水库、山塘溃决，造成人身伤亡和财产损失，危害很大。2.滑坡：土体、岩块或斜坡上的物质在重力作用下沿滑动面发生整体滑动形成滑坡。滑坡发生时，会使山体、植被和建筑物失去原有的面貌，可能造成严重的人员伤亡和财产损失。3.泥石流：山区沟谷中暴雨汇集形成洪水、挟带大量泥沙石块成为泥石流。泥石流具有暴发突然、来势迅猛、动量大的特点，并兼有滑坡和洪水破坏的双重作用，其危害程度往往比单一的滑坡和洪水的危害更为广泛和严重。

山洪灾害发生的主要因素有3个方面：1.地质地貌因素。山洪灾害易发地区的地形往往是山高、坡陡、谷深，切割深度大，侵蚀沟谷发育，其地质大部分是渗透强度不大的土壤，如紫色砂页岩、泥质岩、红砂岩、板页岩发育而成的抗蚀性较弱的土壤，遇水易软化、易崩解，极有利于强降雨后地表径流迅速汇集，一遇到较强的地表径流冲击时，就形成山洪灾害。2.人类活动因素。山区过度开发土地，或者陡坡开荒，或工程建设对山体造成破坏，改变地形、地貌，破坏天然植被，乱砍滥伐森林，失去水源涵养作用，均易发生山洪。由于人类活动造成河道的不断被侵占，河道严重淤塞，河道的泄洪能力降低，也是山洪灾害形成的重要因素之一。3.气象水文因素。副热带高压的北跳南移，西风带环流的南侵北退，以及东南季风与西南季风的辐合交汇，形成了山丘区不稳定的气候系统，往往造成持续或集中的高强度降雨；气温升高导致冰雪融化加快或因拦洪工程设施溃决而形成洪水。据统计，发生山洪灾害主要是由于受灾地区前期降雨持续偏多，使土壤水分饱和，地表松动，遇局地短时强降雨后，降雨迅速汇聚成地表径流而引发溪沟水位暴涨、泥石流、崩塌、山体滑坡。从整体发生、发展的物理过程可知，发生山洪灾害主要还是持续的降雨和短时强降雨而引发的。

雪花是怎样形成的

在天空中运动的水汽怎样才能形成降雪呢？是不是温度低于零度就可以了？不是的，水汽想要结晶并形成降雪必须具备两个条件：

一个条件是水汽饱和。空气在某一个温度下所能包含的最大水汽量，叫作饱和水汽量。空气达到饱和时的温度，叫作露点。饱和的空气冷却到露点以下的温度时，空气里就有多余的水汽变成水滴或冰晶。因为冰面饱和水汽含量比水面要低，所以冰晶生长所要求的水汽饱和程度比水滴要低。也就是说，水滴必须在相对湿度（相对湿度是指空气中的实际水汽压与同温度下空气的饱和水汽压的比值）不小于100%时才能增长；而冰晶呢，往往相对湿度不足100%时也能增长。例如，空气温度为-20℃时，相对湿度只有80%，冰晶就能增长了。气温越低，冰晶增长所需要的湿度越小。因此，在高空低温环境里，冰晶比水滴更容易产生。

另一个条件是空气里必须有凝结核。有人做过试验，如果没有凝结核，空气里的水汽过饱和到相对湿度500%以上的程度，才有可能凝聚成水滴。但这样大的过饱和现象在自然大气里是不会存在的。所以没有凝结核的话，我们地球上就很难能见到雨雪。凝结核是一些悬浮在空中的很微小的固体微粒。最理想的凝结核是那些吸收水分最强的物质微粒。比如说海盐、硫酸、氮和其他一些化学物质的微粒。所以我们有时才会见到天空中有云，却不见降雪，在这种情况下人们往往采用人工降雪。

彩虹为什么总是弯曲的

事实上如果条件合适的话，可以看到整圈圆形的彩虹。彩虹的形成是太阳光射向空中的水珠经过折射→反射→折射后射向我们的眼睛所形成。不同颜色的太阳光束经过上述过程形成彩虹的光束与原来光束的偏折角约180°–42°=138°。

也就是说，若太阳光与地面水平，则观看彩虹的仰角约为42°。以相同视角射向眼睛的所有光束，必然在一个圆锥面上。

想象你看着东边的彩虹，太阳在从背后的西边落下。白色的阳光（彩虹中所有颜色的组合）穿越了大气，向东通过了你的头顶，碰到了从暴风雨落下的水滴。当一道光束碰到了水滴，会有两种可能：一是光可能直接穿透过去，或者更有趣的是，它可能碰到水滴的前缘，在进入时水滴内部产生弯曲，接着从水滴后端反射回来，再从水滴前端离开，往我们这里折射出来。这就是形成彩虹的光。

光穿越水滴时弯曲的程度，视光的波长（即颜色）而定——红色光的弯曲度最大，橙色光与黄色光次之，依此类推，弯曲最少的是紫色光。

每种颜色各有特定的弯曲角度，阳光中的红色光，折射的角度是42°，蓝色光的折射角度只有40°，所以每种颜色在天空中出现的位置都不同。

若你用一条假想线，连接你的后脑勺和太阳，那么与这条线呈42°

夹角的地方，就是红色所在的位置。这些不同的位置勾勒出一个弧。既然蓝色与假想线只呈40°夹角，所以彩虹上的蓝弧总是在红色的下面。

彩虹之所以为弧型这当然与其形成有着不可分割的关系，同样这也与地球的形状有很大的关系。由于地球表面为一曲面而且还被厚厚的大气所覆盖，在雨后空气中的水含量比平时高，当阳光照射入空气中的小水滴形成了折射，同时由于地球表面的大气层为一弧面从而导致了阳光在表面折射形成了我们所见到的弧形彩虹！

暴雨是怎么形成的

暴雨是降水强度很大的雨。雨势倾盆。一般指每小时降雨量16毫米以上，或连续12小时降雨量30毫米以上，或连续24小时降雨量50毫米以上的降水。

我国气象上规定，24小时降水量为50毫米或以上的雨称为"暴雨"。按其降水强度大小又分为3个等级，即24小时降水量为50～99.9毫米称"暴雨"；100～200毫米以下为"大暴雨"；200毫米以上称"特大暴雨"。

暴雨形成的过程是相当复杂的，一般从宏观物理条件来说，产生暴雨的主要物理条件是充足的源源不断的水汽、强盛而持久的气流上升运动和大气层结构的不稳定。大中小各种尺度的天气系统和下垫面特别是地形的有利组合可产生较大的暴雨。引起中国大范围暴雨的天气系统主要有锋、气旋、切变线、低涡、槽、台风、东风波和热带辐合带等。此外，在干旱与半干旱的局部地区热力性雷阵雨也可造成短历时、小面积的特大暴雨。

暴雨常常是从积雨云中落下的。形成积雨云的条件是大气中要含有充足的水汽，并有强烈的上升运动，把水汽迅速向上输送，云内的水滴受上升运动的影响不断增大，直到上升气流托不住时，就急剧地降落到地面。积雨云体积通常相当庞大，一块块的积雨云就是暴雨区中的降水单位，虽然每块单位水平范围只有1～20千米，但它们排列起来，可形成100~200千米宽的雨带。一团团的积雨云就像一座座的高山峻岭，强烈发展时，从离地面0.4~1千米高处一直伸展到10千米以上的高空。越往高空，温度越低，常达零下十几摄氏度，甚至更低，云上部的水滴就要结冰，人们在地面用肉眼看到云顶的丝缕状白带，正是高空的冰晶、雪花飞舞所致。地面上是大雨倾盆的夏日，高空却是白雪纷飞的严冬。

大气的运动和流水一样，常产生波动或涡旋。当两股来自不同方向或不同的温度、湿度的气流相遇时，就会产生波动或涡旋。其大的达几千千米，小的只有几千米。在这些有波动的地区，常伴随气流运行出现上升运动，并产生水平方向的水汽迅速向同一地区集中的现象，形成暴雨中心。

另外，地形对暴雨形成和雨量大小也有影响。例如，由于山脉的存在，在迎风坡迫使气流上升，从而垂直运动加大，暴雨增大；而在山脉背风坡，气流下沉，雨量大大减小，有的背风坡的雨量仅是迎风坡的1/10。

雪崩

积雪的山坡上，当积雪内部的内聚力抗拒不了它所受到的重力拉引时，便向下滑动，引起大量雪体崩塌，人们把这种自然现象称作雪崩。也有的地方把它叫作"雪塌方"、"雪流沙"或"推山雪"。雪崩，每每是从宁静的、覆盖着白雪的山坡上部开始的。突然间，咔嚓一声，勉强能够听见的这种声音告诉人们这里的雪层断裂了。先是出现一条裂缝，接着，巨大的雪体开始滑动。雪体在向下滑动的过程中，迅速获得了速度。于是，雪崩体变成一条几乎是直泻而下的白色雪龙，腾云驾雾，呼啸着声势凌厉地向山下冲去。

雪崩是一种所有雪山都会有的地表冰雪迁移过程，它们不停地从山体高处借重力作用顺山坡向山下崩塌，崩塌时速度可以达每秒20~30米，随着雪体的不断下降，速度也会突飞猛涨，一般12级的风速度为20米每秒，而雪崩将达到97米每秒，速度可谓极大。雪崩具有突然性、运动速度快、破坏力大等特点。它能摧毁大片森林，掩埋房舍、交通线路、通信设施和车辆，甚至能堵截河流，发生临时性的涨水。同时，它还能引起雪山雪崩后留下的痕迹山体滑坡、山崩和泥石流等可怕的自然现象。因此，雪崩被人们列为积雪山区的一种严重自然灾害。

雪崩常常发生于山地，有些雪崩是在特大雪暴中产生的，但常见的是发生在积雪堆积过厚，超过了山坡面的摩擦阻力时。雪崩的原因之一是在雪堆下面缓慢地形成了深部"白霜"，这是一种冰的六角形杯状晶体，与我们通常所见的冰碴相似。这种白霜的形成是由雪粒的蒸发所造成，它们比上部的积雪要松散得多，在地面或下部积雪与上层积雪之间形成一个软弱带，当上部积雪开始顺山坡向下滑动时，这个软弱带起着润滑的作用，不仅加快雪下滑的速度，而且还带动周围没有滑动的积雪。

人们可能察觉不到，其实在雪山上一直都进行着一种较量：重力一定要将雪向下拉，而积雪的内聚力却希望能把雪留在原地。当这种较量达到高潮的时候，哪怕是一点点外界的力量，比如动物的奔跑、滚落的石块、刮风、轻微地震动，甚至在山谷中大喊一声，只要压力超过了将雪粒凝结成团的内聚力，就足以引发一场灾难性雪崩。例如刮风。风不仅会造成雪的大量堆积，还会引起雪粒凝结，形成硬而脆的雪层，致使上面的雪层可以沿着下面的雪层滑动，发生雪崩。

雪崩的发生是有规律可寻的。大多数的雪崩都发生在冬天或者春天的降雪非常大的时候。尤其是暴风雪暴发前后。这时的雪非常松软，黏合力比较小，一旦一小块被破坏了，剩下的部分就会像一盘散沙或是多米诺骨牌一样，产生连锁反应而飞速下滑。

冻　害

冻害是农业气象灾害的一种。即0℃以下的低温使作物体内结冰，对作物造成的伤害。常发生的有越冬作物冻害、果树冻害和经济林木冻害等。冻害对农业威胁很大，如美国的柑橘生产、中国的冬小麦和柑橘生产常因冻害而遭受巨大损失。

冻害在中、高纬度地区发生较多。北美中西部大平原、东欧、中欧是冬小麦冻害主要发生地区。中国受冻害影响最大的是北方冬小麦区北部，主要有准噶尔盆地南缘的北疆冻害区，甘肃东部、陕西北部和山西中部的黄土高原冻害区，山西北部、燕山山区和辽宁南部一带的冻害区以及北京、天津、河北和山东北部的华北平原冻害区。在长江流域和华南地区，冻害发生的次数虽少，但丘陵山地对南下冷空气的阻滞作用，常使冷空气堆积，导致较长时间气温偏低，并伴有降雪、冻雨天气，使麦类、油菜、蚕豆、豌豆和柑橘等受严重冻害。

冻害分为作物生长时期的霜（白霜和黑霜）冻害和作物休眠时期的寒冻害两种。霜冻害指春季冬麦返青后或春播作物出苗后，桃、葡萄、苹果等果树萌发或开花后遇到特别推迟的晚霜，和秋季冬麦出苗后或春播或夏播作物未成熟，果树尚未落叶休眠时遇到特别提前的早霜而受害。橡胶树等热带作物冬季休眠期不明显，当气温降至0℃或零下几度时，极易受到霜冻害；而冬麦、葡萄、苹果等休眠时，当气温降至零下十几度、二十几度时才受害。作物受冻害的程度除取决于低温强度外，还与低温的持续时间、当时的天气型、作物品种及受冻前的适应情况等有关。

不同作物受冻害的特点不同，如冬小麦主要可分为：1.冬季严寒型。冬季无积雪或积雪不稳定时易受害，麦苗停止生长前后气温骤然大幅度下降，或冬小麦播种后前期气温偏高生长过旺时遇冷空气易受害。2.早春融冻型。早春回暖融冻，春苗开始萌动时遇较强冷空气易受害，等等。不同作物、品种的冻害指标也各不相同，如小麦多采用植株受冻死亡50%以上时分蘖节处的最低温度作为冻害的临界温度，即衡量植株抗寒力的指标。抗寒性较强品种的冻害临界温度是-17℃～-19℃、抗寒性弱的品种是-15℃～-18℃。成龄果树发生严重冻害的临界温度：柑橘为-7℃～-9℃，葡萄为-16℃～-20℃。

冻害的造成与降温速度、低温的强度和持续时间，低温出现前后和期间的天气状况、气温日较差以及各种气象要素之间的配合有关。在植株组织处于旺盛分裂增殖时期，即使气温短时期下降，也会受害；相反，休眠时期的植物体则抗冻性强。各发育期的抗冻能力一般依下列顺序递减：花蕾着色期→开花期→座果期。

为了防御冻害，宜根据当地温度条件，选用抗寒品种，并确定不同作物的种植北界和海拔上限。防冻的栽培措施包括越冬作物播种适时、播种深度适宜、北界附近实施沟播和适时浇灌冻水，果树夏季适时摘心、秋季控制灌水、冬前修剪等。各种形式的覆盖，如葡萄埋土、果树主干包草、柑橘苗覆盖草帘和风障，以及经济作物覆盖塑料薄膜等，也有良好的防冻效果。

灰　霾

灰霾又称大气棕色云，在中国气象局的《地面气象观测规范》中，灰霾被这样定义："大量极细微的干尘粒等均匀地浮游在空中，使水平能见度小于10千米的空气普遍有混浊现象，使远处光亮物微带黄、红色，使黑暗物微带蓝色。"目前，在我国存在着4个灰霾严重地区：黄淮海地区、长江河谷、四川盆地和珠江三角洲。

一、雾和灰霾的区别

雾是气溶胶系统，是由大量悬浮在近地面空气中的微小水滴或冰晶组成的、能见度降低到1000米以内的自然现象。

一般来讲，雾和霾的区别主要在于水分含量的大小：水分含量达到90%以上的叫雾，水分含量低于80%的叫霾。80%～90%之间的，是雾和霾的混合物，但主要成分是霾。就能见度来区分：如果目标物的水平能见度降低到1000米以内，就是雾；水平能见度在1000～10000米的，称为轻雾或霭；水平能见度小于10千米，且是灰尘颗粒造成的，就是霾或灰霾。另外，霾和雾还有一些肉眼看得见的"不一样"：雾的厚度只有几十米至200米，霾则有1000～30000米；雾的颜色是乳白色、青白色，霾则是黄色、橙灰色；雾的边界很清晰，过了"雾区"可能就是晴空万里，但是霾则与周围环境边界不明显。

二、灰霾的成因

灰霾作为一种自然现象，其形成有三方面因素。一是水平方向静风现象的增多。近年来随着城市建设的迅速发展，大楼越建越高，增大了地面摩擦系数，使风流经城区时明显减弱。静风现象增多，不利于大气污染物向城区外围扩展稀释，并容易在城区内积累高浓度污染。二是垂直方向的逆温现象。逆温层好比一个锅盖覆盖在城市上空，使城市上空出现了高空比低空气温更高的逆温现象。污染物在正常气候条件下，从气温高的低空向气温低的高空扩散，逐渐循环排放到大气中。但是逆温现象下，低空的气温反而更低，导致污染物的停留，不能及时排放出去。三是悬浮颗粒物的增加。近些年来随着工业的发展，机动车辆的增多，污染物排放和城市悬浮物大量增加，直接导致了能见度降低，使得整个城市看起来灰蒙蒙一片。

三、灰霾的危害

一是影响身体健康。灰霾的组成成分非常复杂，包括数百种大气颗粒物。其中有害人类健康的主要是直径小于10微米的气溶胶粒子，如矿物颗粒物、海盐、硫酸盐、硝酸盐、有机气溶胶粒子等，它能直接进入并黏附在人体上下呼吸道和肺叶中。由于灰霾中的大气气溶胶大部分均可被人体呼吸道吸入，尤其是亚微米粒子会分别沉积于上、下呼吸道和肺泡中，引起鼻炎、支气管炎等病症，长期处于这种环境还会诱发肺癌。此外，由于太阳光中的紫外线是人体合成维生素D的唯一途径，紫外线辐射的减弱直接导致小儿佝偻病高发。另外，紫外线是自然界杀灭大气微生物如细菌、病毒等的主要武器，灰霾天气导致近地层紫外线的减弱，易使空气中的传染性病菌活性增强，传染病增多。

二是影响心理健康。灰霾天气容易让人产生悲观情绪，如不及时调节，很容易失控。

三是影响交通安全。出现灰霾天气时，室外能见度低，污染持续，交通阻塞，事故频发。

四是影响区域气候。使区域极端气候事件频繁，气象灾害连连。更令人担忧的是，灰霾还加快了城市遭受光化学烟雾污染的提前到来。光化学烟雾是一种淡蓝色的烟雾，汽车尾气和工厂废气里含大量氮氧化物和碳氢化合物，这些气体在阳光和紫外线作用下，会发生光化学反应，产生光化学烟雾。它的主要成分是一系列氧化剂，如臭氧、醛类、酮等，毒性很大，对人体有强烈的刺激作用，严重时会使人出现呼吸困难、视力衰退、手足抽搐等现象。

雷　击

雷击是雷电发生时，由于强大电流的通过而杀伤或破坏人畜、树木或建筑物等的现象。一部分带电的云层与另一部分带异种电荷的云层，或者是带电的云层对大地之间迅猛的放电，这种迅猛的放电过程产生强烈的闪电并伴随巨大的声音。这就是我们所看到的闪电和雷鸣。

当然，云层之间的放电主要对飞行器有危害，对地面上的建筑物和人、畜没有很大影响，云层对大地的放电，则对建筑物、电子电气设备和人、畜危害甚大。

通常雷击有3种主要形式：其一是带电的云层与大地上某一点之间发生迅猛的放电现象，叫作"直击雷"。其二是带电云层由于静电感应作用，使地面某一范围带上异种电荷。当直击雷发生以后，云层带电迅速消失，而地面某些范围由于散流电阻大，以致出现局部高电压，或者由于直击雷放电过程中，强大的脉冲电流对周围的导线或金属物产生电磁感应发生高电压以致发生闪击的现象，叫作"二次雷"或称"感应雷"。其三是"球形雷"。

热　浪

热浪是指天气持续地保持过度的炎热，也有可能伴随有很高的湿度。这个术语通常与地区相联系，所以一个对较热气候地区来说是正常的温度对一个通常较冷的地区来说可能是热浪。一些地区比较容易受到热浪的袭击，例如夏干冬湿的地中海气候。热浪可以因为高温引起死亡，特别是老年人。

目前热浪的直接原因是天气中出现反气旋或高压脊现象，而反气旋导致气候干燥，那意味着所有热浪将会导致气温升高，而不会蒸发湿气。如果存在潮湿的条件，比如地面是湿的，那么在某种程度上，地面就扮演了一个空气调节器的角色。高温与热浪两者存在互为因果的关系，高温是热浪的结果。热浪是高温形成的原因，并不等于说所有的高温都是热浪袭击引起的。长江中下游地区，盛夏季节常在西太平洋副热带高压控制下，出现高温酷热天气。1978年和1988年是新中国成立以来出现的两次最严重的大范围高温天气，给工农业生产和人民生活带来很大影响。1988年，我国江南大部地区在副热带高压控制下，盛行下沉气流，热浪滚滚，7月份高温天气几乎持续了20多天。闽、浙、赣、湘、鄂、豫、苏、沪、皖、川东、黔东、陕南、粤、桂等地的日最高气温普遍达35～39℃，淮河及长江中下游不少地区的气温高达39℃，有的地区甚至超过41℃。高温酷热使处于乳熟期的早稻逼熟，降低千粒重而减产；棉花因蒸腾作用加大；水分供需失调，产生了萎蔫和落蕾落铃现象。高温对蔬菜和其他作物生长都不利。高温酷热使城镇居民用水、用电量大增，例如，1988年上海在高温期间日供水量突破历史最高水平，其中7月18日出水465万吨，不少供水设备因超负荷运行，出现故障。再如北京1987年7月受热浪袭击，出现持续高温天气，日供水量增加1520万吨。持续的高温使人们感到闷热难耐、疾病人数增多。1988年夏南京、上海、南昌等地因中暑住院的病人有2000余人，其中近300人死亡，劳动生产率大大下降。

连阴雨

中国初春或深秋时节接连几天甚至经月阴雨连绵、阳光寡照的寒冷天气，又称低温连阴雨。连阴雨同春末发生于华南的前汛期降水和初夏发生于江淮流域的梅雨不同。后两者虽在现象上也可称连阴雨，但温度、湿度较高，雨量较大；而前者的主要特点是温度低、日照少、雨量并不大。连阴雨的灾害，主要在低温方面。初春连阴雨，往往出现在水稻播种育秧时节，易造成大面积烂秧现象；秋季连阴雨如出现较早，会影响晚稻等农作物的收成。连阴雨天气就产生在地面锋和700百帕等压面的切变线之间。春季，中国南方冷暖空气交绥处（即锋）经常停滞或徘徊于长江和华南之间，当锋面和切变线的位置偏南时，连阴雨发生在华南；偏北时，就出现在长江和南岭之间的江南地区。秋季的连阴雨，其过程与春季相似，只是冷暖空气交绥的地区不同，因而连阴雨发生的地区也和春季有所不同。又称梅雨、黄梅天。

浓　雾

在春秋及梅雨季时，在锋面到达前的高压回流影响下，就常会有大范围而且持续久的浓雾出现。浓雾会阻遮能见度，如果能见度不到200米，对陆上或海上的交通就会造成影响，气象局便在浓雾出现的地区或海域发布"浓雾特报"。遇到浓雾天可能的话最好不骑车，另外因雾气的干扰，道路肯定会拥堵，为避免上课迟到，应提早出家门。如果必须骑车出行时，要尽量放慢速度，精神高度集中，前后左右都要兼顾，快到路口时，更要小心，看清信号灯后再过路口。必要时，宁可下车推着走也不要骑车强行。雾天在校园内切忌课间玩耍，以免同学彼此之间受到伤害。随父母有事外出时，同样要注意安全，若是乘出租车或私家车行驶时，要提醒司机开低速车，不要抢行。随着空气污染的日益严重，城市上空的雾气会含有毒害人体的物质，患有呼吸道疾病的同学最好戴上口罩外出，以免加重病情。

风切变

风切变是一种大气现象，是风速在水平和垂直方向的突然变化。风切变是导致飞行事故的大敌，特别是低空风切变。国际航空界公认低空风切变是飞机起飞和着陆阶段的一个重要危险因素，被人们称为"无形杀手"。

产生风切变的原因主要有两大类，一类是大气运动本身的变化所造成的；另一类则是地理、环境因素所造成的。有时是两者综合而成。

1.产生风切变的天气背景。能够产生有一定影响的低空风切变的天气背景主要有3类。

（1）强对流天气。通常指雷暴、积雨云等天气。在这种天气条件影响下的一定空间范围内，均可产生较强的风切变。尤其是在雷暴云体中的强烈下降气流区和积雨云的前缘阵风锋区更为严重。特别强的下降气流称为微下冲气流，是对飞行危害最大的一种。它是以垂直风为主要特征的综合风切变区。

（2）锋面天气。无论是冷锋、暖锋等均可产生低空风切变。不过其强度和区域范围不尽相同。这种天气的风切变多以水平风的水平和垂直切变为主（但锋面雷暴天气除外）。一般来说其危害程度不如强对流天气的风切变。

（3）辐射逆温型的低空急流天气。秋冬季晴空的夜间，由于强烈的地面辐射降温而形成低空逆温层的存在，该逆温层上面有动量堆集，风速较大形成急流，而逆温层下面风速较小，近地面往往是静风，故有逆温风切变产生。该类风切变强度通常更小些，但它容易被人忽视，一旦遭遇若处置不当也会发生危险。

2.地理、环境因素引起的风切变。这里的地理、环境因素主要是指山地地形、水陆界面、高大建筑物、成片树林与其他自然的和人为的因素。这些因素也能引起风切变现象。其风切变状况与当时的盛行风状况（方向和大小）有关，也与山地地形的大小、复杂程度，迎风背风位置，水面的大小和机场离水面的距离，建筑物的大小、外形等有关。一般山地高差大、水域面积大、建筑物高大，不仅容易产生风切变，而且其强度也较大。

　　为什么低空风切变会有如此的危害性呢？这是由风切变的本身特性造成的。以危害性最大的微下冲气流为例，它是以垂直风切变为主要特征的综合风切变区。由于在水平方向垂直运动的气流存在很大的速度梯度，也就是说垂直运动的风速会出现突然的加剧，就产生了特别强的下降气流，被称为微下冲气流。这个强烈的下降气流存在一个有限的区域内，并且与地面撞击后转向与地面平行而变成为水平风，风向以撞击点为圆心四面发散，所以在一个更大一些的区域内，又形成了水平风切变。如果飞机在起飞和降落阶段进入这个区域，就有可能造成失事。比如，当飞机着陆时，下滑通道正好通过微下冲气流，那么飞机会突然地非正常下降，偏离原有的下滑轨迹，有可能高度过低造成危险。当飞机飞出微下冲气流后，又进入了顺风气流，使飞机与气流的相对速度突然降低，由于飞机在着陆过程中本来就在不断减速，我们知道飞机的飞行速度必须大于最小速度才能不失速，突然的减速就很可能使飞机进入失速状态，飞行姿态不可控，而在如此低的高度和速度下，根本不可能留给飞行员空间和时间来恢复控制，从而造成飞行事故。

　　严重的低空风切变，常发生在低空急流即狭长的强风区，对飞行安全威胁极大。这种风切变气流常从高空急速下冲，像向下倾泻的巨型水龙头，当飞机进入该区域时，先遇强逆风，后遇猛烈的下沉气流，随后又是强顺风，飞机就像狂风中的树叶被抛上抛下而失去控制，因此极易发生严重的坠落事件。